好好工作

在职场中创造自己的独特价值

懒人老猫 — 著

北京联合出版公司

前言 PREFACE

有时候我也会追问自己："市面上已经有那么多关于如何成就事业、如何自我修炼的书籍和文章，再写这么一本又有多大意义？"然而曾经有一位读者的观点支撑了我："我并非想学到更多新的东西，知道这世上有人与我观点相同就好了。"

相对于其他职场书的作者来说，我的视角可能稍微有些不同——与"我已经通过自我奋斗获得成功"这种视角相比，我的视角更多来自自身碰壁后的反省以及作为企业咨询服务人员的第三方评估视角，特别是后者。面向企业的时候更容易了解到这一点：一个被企业认为是"好员工"的人应该具备哪些行为特点。

在工作这个领域，我是一个后知后觉的人，从我面向个人所做的职业咨询的一些经验来看，一个年轻人可能犯的职场错误我很可能都犯过，比如：内向羞怯不想和人打交道、因为不恰当的表达而触怒他人还不知道、对人际关系看法的一些误区、急功近利、设立不切实际的目标、不知道该如何磨炼技能才能进步、高不成低不就等等。撰写本书这些文字的过程，与其说是指导，不如说是分享自己成长的过程；与其说是分享，不如说是从第三方的视角审视过去的自己，并且与自己和解的过程。

从知识获取的角度来说，将一个单一观点透彻阐述而成文显然是一种更容易理解也更容易阅读的方式。但我力图传达的是，职业生命考验的除了一个人的专业技能、软技能、经验、天赋甚至是运气之外，有一点我们提得不多但非常非常重要，就是平衡性。在工作中，我们会发现有一类"人才"几乎一眼可以识别，他们主要的特点是在工作能力、人际交往以及性情上没有明显短板。而我们大多数人只是普通人，希望有所作为可是又有一些畏难和怠惰心理、多少有一些自己的执念和性格局限、有某些能力上的缺陷、会被情绪影响而不是为了自己的目标精心设计自己的行为和表现（甚至看不上这个做法）。

我们习惯于让年轻人相信努力和奋斗，让他们相信能力可以带来职业的安全感，让人们相信职业道路是一条虽然艰难但一直向上的道路。但人们在真实的工作生涯中感受到的其实并不是这样，这导致我们经常会想"我是不是没有找到那种最有效、一用就灵的绝妙办法"。然而并没有这种绝妙办法。

事实上，有些人在工作中取得闪耀的成果确实是因为他们运气好、起点高、平台优秀、天赋过人等等。普通人最终还得接受自己是一个普通人的事实，而普通人的优势与特长来自持续地学习与磨炼，复盘与反省，忍耐并等待属于自己的风口来临。每个人也许都可以通过阅读和与他人的交流获得一些信息，但最终成年人的学习与成长来自实践，把所学应用于实践，把所思应用于实践——也许会起到很好的效果，也许会被实践证明行不通,但只有经历这样的过程,我们所拥有的信息才会成为我们的阅历、行为的一部分,对我们的发展起到真正的作用。

这本书谨代表我在这样一个人生阶段经验和教训的总结与各位分享,欢迎方家不吝指教。

最后必须感谢在这本书成书的过程中,编辑所做的所有工作和极大努力。感谢我的朋友伊明和钟杉,在人生道路上无论得意失意,她们始终支持我温暖我,在她们的鼓励和支持下我一步步把自己的经验成文。感谢大群所有的成员,鞭策我写文、促进我成长、在寂寞的时候给予我安慰、在快乐的时候和我一起欢笑。感谢我的老板张岩先生对我的支持;感谢所有服务过的客户让我有机会看到什么是优秀的企业与优秀的人。

Part 1　工作的基本法则　　1 – 35

Lesson 1　价值观引导你的职场方向　2
一个焦虑的时代　2
选择职业 OR 被职业选择　3
厘清你的职场原则　5
投入到具体的事情中去　6
在理性与感性之间触摸工作之道　9

Lesson 2　起点注定不平等　13
有时候人生就是不公平的　13
你真正想要的是什么　15
简历上无法体现，却不得不重视的阅历　17
坚定地站在自己的重心上　17

Lesson 3　一些难以实现的职场理想　21
钱多事儿少离家近　21
工作与生活平衡　23
想成为公司里不可替代的人　24
公司应当提供愉悦的工作氛围　24
公司制度应当以人为本　25
公司应当鼓励创新与突破　26
前辈的经验都过时了，我和他们是完全不同的年轻人　27

Lesson 4　了解组织的逻辑　29

Lesson 5　掌握原理比熟练技巧更重要　32

Part 2 职业规划　　37 - 47

- **Lesson 1**　为什么企业要问我的职业规划　38
- **Lesson 2**　职业规划有什么用　40
- **Lesson 3**　做好职业规划的关键　42
- **Lesson 4**　如何使用外部职业顾问与职业意见　44
  - 需要明确自己只是想吐槽还是需要寻求解决办法　44
  - 不能把职业顾问当作朋友看待　45
  - 不建议提太大或者太小的问题　45
  - 不建议提选择类的问题　45
  - 非专业的职业顾问一般不会按照严谨的步骤进行正式咨询，只会给出一些建议　46
  - 从来就没什么救世主，只有自己救自己　46
  - 职业顾问不是了解所有行业和岗位要求的人　47
  - 很多时候职业问题并不仅仅是职业问题，功夫在诗外　47

Part 3 进入职场　　49 - 152

- **Lesson 1**　如何匹配自己的职业目标　50
  - 要不要把兴趣变成工作　50
  - 地域、行业、岗位的选择　52
  - 性格与职业发展的关系　53
  - 合理使用测评结果　54

持续的自我认识与改进　55

学会接受不完美的自己　59

了解目标职业的要求　62

Lesson 2　**求职杂谈**　65

简历写作要点　65

面试要点　68

Lesson 3　**成为靠谱的新员工**　72

为什么新员工会被压迫和排挤　72

什么是看起来有范儿的职业形象　76

别让自己成为同事眼中的"奇葩"　76

新员工最需要学习的几个方面　79

将大目标分解成可以具体执行的小目标　83

Lesson 4　**经验与技能的提升路径**　85

良好的工作分析能力比"悟性"更重要　85

且行且总结　87

在职场中学习　88

Lesson 5　**以目标为导向运营自己的工作**　96

工作可以是快乐的，但不是以快乐为导向的　96

要出活儿，更要让领导看在眼里　98

建立自己高效的工作习惯　99

有效呈现工作结果　101

Lesson 6　**与领导和同事相处的原则**　108

别人的错误并不能解决我们的问题　108

避免用有色眼镜看别人　109

评价没有价值，分析和解决问题才有　109

要不要跟同事做朋友　110

不想得罪人怎么办　112

与其揣测他人，不如清醒地认识自己 116

职场中没有换位思考 118

要尊重而不是收买同事 122

工作中经常遇到的两种负能量同事 124

为什么不提前做好准备 126

职场中绝大多数人没资格玩办公室政治 136

Lesson 7　与下属相处的原则 139

Lesson 8　跨部门的沟通 145

Lesson 9　起薪和加薪 147

Lesson 10　三十岁这个关键点 150

Part 4　职场瓶颈问题　153 - 170

Lesson 1　找不到自己喜欢的工作怎么办 154

Lesson 2　在工作中感受不到价值怎么办 156

Lesson 3　遭遇办公室政治怎么办 159

Lesson 4　该不该跳槽或者是改行 161

Lesson 5　为什么晋升的不是我 163

Lesson 6　女性面临的职场困难 165

Part 1

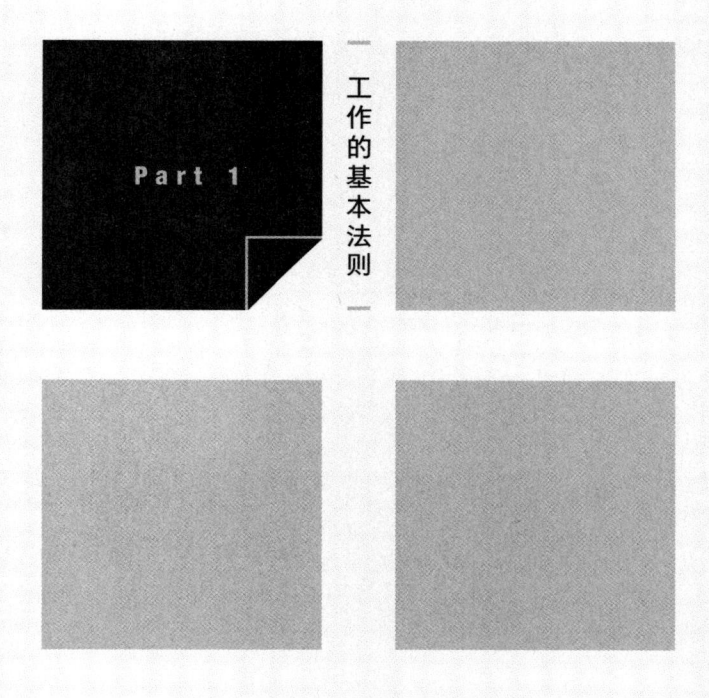

工作的基本法则

Lesson 1 价值观引导你的职场方向

■ 一个焦虑的时代

凡是当过招聘负责人的，基本上都收到过一些让人哭笑不得的简历。比如，一些行业经验及岗位经验明显都比较浅的人申请资深或者高级岗位，一年经验的人就申请总监岗位，应届生一口叫价月薪一万五不能少。这种人企业是肯定不敢用的，但 HR 有时候会问问为什么，得到的答案往往是"因为我的同学都挣这个数""有这个数才能保证我的生活质量"……

虽然这种糟糕案例的发生大部分是因为申请人对自己的定位不准确，但这其实也是对自己的未来感到焦虑的表现。职场中的焦虑是一种再普遍不过的现象，焦虑自己找不到好工作，焦虑自己没有提升，焦虑自己的价值没有得到充分体现，焦虑"别人家的孩子"挣得多、职位高，焦虑买不起房……

其实现在这一代年轻人的焦虑跟之前并不完全一样。对他们来说，"挣钱养活自己、让父母过上好日子、养妻活儿"并不是会在二十岁左右的时候要考虑的问题。曾经的独生子女政策让孩子更像孩子，甚至在他们已经成年之后。所以年轻人更可能的关注点是："我"能从这个世上获得什么样的经验、感受以及成就。

我们较少从"家族整体"的角度去考虑，很多痛苦与疑虑正是因此而生。如果讲"家族整体"，那么在大城市还是小城市奋斗、考公务员还是去企业、该与什么样的人结婚，基本上都是有原则可循的，在原则范围内可以讲讲个性。但如果只关注"我",那么大多数的烦恼都来自我们依据的原则是否有足够的合理性。

可是即使一直焦虑"能不能过上好日子"或者"我会不会成功",也是无济于事的,这只会让自己在各个环节的选择变得更麻烦。"只有目标坚定,才能内心宁静",如果你不能及时厘清自己的原则是什么,只是随着感受而波动的话,只会感觉越来越累,并不断地为自己做出了错误选择而后悔。

选择职业 OR 被职业选择

在职场中奋斗,无论如何都是一件辛苦的事情,所以迟早要面对自己回答这个问题——"我为什么而奋斗"。曾经有一位女生问我:"你在发展前景、自由、金钱三者中,首先选择什么?"这是一个好问题,但以我个人经验来看,很多时候我们并没有机会进行选择。职场中个人的选择权并没有我们想象中的那么大。

起码对我来说是这样,我早年的经历并不十分愉快——年轻时因为实力不足,只能任凭市场开价,并没有太多挑选余地。后来还算幸运,我在30岁之后找到了自己喜欢并擅长的工作,自然会希望能够一直在这样的领域好好工作下去,最好还能成为行业里有声望的人。在这个阶段公司给予我平台,我以自身经验服务公司及客户。此时,我最好的选择就成了"在公司平台上和公司一起发展,扩大影响,提升为客户服务的能力"。在职场中希望实现一般人理解中的自由是一件不太可能的事情,无论是经营、管理还是其他工作,一定是在各种约束和资源限制下达成目标的过程:比如时间是有限的,见客户的时间就不能写文章;比如成本和回报是必须考虑的,所以不是所有的客户都是上帝。有些人因为渴望自由安排自己的时间而以成为自由职业者为目标，有些人因为渴望财务自由而迫切希望找到快速发达的道路。这些其实也是很好的理想，然而最后很可能发生的是，在追逐理想的路上，慢慢放弃了这个理想，因为最后也许不得不认清，我们想要时间，就得用金钱来换，于是我们要先花很多时间去挣钱；我们迫切想获得金钱，但急功近利往往会让我们失去更多。

而发展前景在我们所处的时代基本上是一个很难看明白的事情，曾经的巨头会在很短的时间内轰然倒下，看起来欣欣向荣的好产品还没有发展起来就被新的产品完全取代——这都是实实在在发生的事情。也许在这个时代，我们所能做的只是尽量筑好自己的护城河——储存积蓄、积累经验、保持对发展的好奇心、保持健康的身体，让自己发展的曲线尽可以延伸到最远。

而职场中用来衡量人的其实无非几个指标：经营能力、管理能力或者专业能力。所以一个人在工作中的追求和选择，也不太能脱离这个范畴。有人可能会觉得，这样评价一个人难道不俗吗？不市侩吗？丰富的心灵、美好的品德、高雅的趣味、让人喜欢的性情难道不是一个人更好的品质吗？然也，就像《白马啸西风》的女主角李文秀说的，"这些都是极好极好的"，但对于工作或职场，却是无所谓的锦上添花。

从旁观别人的发展以及自己的经验来看，妨碍人成功的首先是绝对的能力不足，其次就是价值观导向的不正确。因为缺少足够的工作技能、经验或者知识储备而不能在工作中得到发展，这是其他软性改善都解决不了的，但反过来说，缺少自我驱动的动力、缺少自律、缺少与人合作的能力，这些同样也并不是加强工作经验与技能就可以解决的问题。

付出是不是一定会有回报？确实不一定。付出和回报之间是一个复杂的关系——付出的方向要正确，原则上来说你希望得到谁的回报，你就需要按照他的理想付出。这个"他"有可能是你的父母、领导、客户、恋人等。

厘清你的职场原则

职场中的问题永远无法穷举，比如"我应该跟同事做朋友吗？""我不希望加班会有问题吗？""领导更喜欢另一个同事而不是我怎么办？"……这种种矛盾会贯穿整个工作生涯，让人苦恼不堪。我们总希望有一个办法可以让我们摆脱所有困扰和迷惑。

有人会用一种"宫斗"的心态去对待职场，秉持着"人不犯我，我不犯人""以牙还牙，以眼还眼"的心态，但坦率地说，其一，如果存着这样的心思，那么在与人交往时便很容易让人看出虚伪；其二，"宫斗"一般都发生在某些事件和环节上，办公室政治也好，宫斗也好，不会是职场的常态，常态其实还是通过做事创造效益；其三，办公室里并没有明确目标指向的"挤兑"，互相看不顺眼的小帮派之类的基本上还不算办公室政治的范畴，不要想多了；其四，斗争有输有赢，谁能保证自己一路赢到底呢？赢得起、输不起是斗不动的。

我们之所以会困惑和迷惘，往往是因为想要的太多。很多人想要的是既在工作中实现自我价值，又在生活中过得余裕优雅，类似时尚杂志里描述的标准成功人士。

我个人理解的工作目标是：成为行业里略有名望并且受人尊重的专业人士。于是根据这个目标便有了原则：如果我不能服务好客户，那么是我的问题；如果我服务好了客户却没有得到应有的报酬，那么还是我的问题。有了这样的原则作为指导，在选择工作中做什么、怎么做，用什么态度对待领导、同事和客户以及谈自己的薪酬时就有了基准态度。

具体说来，就是在公司内接活永远冲在前头，不过于讲条件、讲待遇；在商业利益（客户要求）和专业判断之间尽可能平衡，让客户满意然后给钱；积极配合领导工作，以实际工作成果来交换报酬。

在这样的目标、原则和态度的基础上，我得到的是：相对来说在公司内有一定发言权，即使在公司内部沟通中我有时候是比较激进的那一方，事情也可以谈，不至于让领导厌烦。我乐意付出的代价是：长期出差、项目中没有休息日、偶尔接受不理想的金钱回报、被其他同事视为领导狗腿等。虽然厘清自己的价值观并不会让我成为"别人家的孩子"那种人生赢家，但我至少不会因年岁渐长或一时一事的得失而焦虑纠结。在这个过程中，我愈发看出自己是技术工作者、幕僚人才而不是管理与决策人才，因此自立门户、开公司之类的计划，现阶段也就不在我的职业选项里。

投入到具体的事情中去

现在有一种风气是对人总要宽宥他的"无奈之处"，然而这种宽宥往往是从宏观上来的，比如不能单纯地认为"穷＝懒"，但对于具体个体来说，资源也好，机会也好，总不会是无限供给的，不努力总是会被挤压的。即使赢了所有的同情，也无法改变现实中的烦苦。

理论上说，年轻的时候过苦日子比较容易忍受，因为往往还能感觉到今天比昨天更熟练了一些、接收到了更多的新知识、有了新的感悟，还能希望明天会比今天更好，其实这是一件好事。但现在年轻人对"苦日子"的理解不同了，对于有些人来说用不上最新款的 iPhone

大约就是一种苦日子。现在社会舆论总说年轻人浮躁，其实何止年轻人浮躁，企业也很浮躁，而舆论助长着这些浮躁。

谁都知道学本事有意义，可是跟房价一比，似乎也不知道这种意义能着落在哪儿，倒是消费似乎能立即带来抚慰和快感。消费主义的社会总会让我们觉得拥有更多的物质是一种幸福安宁的表现，我觉得这也并没有什么不对，但用花费来证明我们的存在价值却是很难的，因为消费带来的满足感稍纵即逝，且永无止境。花费带来的快感确实比奋斗带来的快感起效更快，但不幸的是维持时间很短，且容易让人上瘾，戒断"买买买"而从艰苦磨炼自己中获得快乐，需要极大的毅力。

抱怨消费能力的不公平对改变自己的现状应该没有太大益处。吃好、穿好、用好这种事并没有尽头，买了普品想买轻奢，有了轻奢又想要大牌……要做到吃过、用过以后的云淡风轻谈何容易。想着多弄一些钱来让自己过得更好一些是人之常情，花点钱来治愈一下心情也很正常，但一直依赖这个，很容易让自己陷入一种"悲惨"的恶性循环中——会觉得自己为了挣一份生活而不得不忍受工作，而辛苦工作得来的钱又轻易花在短暂的乐趣中，反过来更觉得"钱太不够用"而不得不继续"忍受工作"。

然而要解开这种困局的最好办法并不是"安于贫穷，缩减欲望"，而是需要建立自己的"独特客户价值"——直白地说，就是"你应该得到更好生活的理由"。

对于我来说，也曾经体会到作为个人没有"独特客户价值"的痛苦——普通家庭出身，在很基层的岗位上工作，挣得少，心情郁闷，也没有太多的费用可以用来交际和进修，衣着修饰也不能太讲究。摊开各种招聘启事，要么只能换到和自己当前差不多的职位，没有意义；而所有看起来好一点的机会，基本都很难达到要求。这个时候如果想请其他人给一些意见，恐怕很难，在外人看来，这也是个死局。通常来说，如果你是女生，别人多半会给你的一个建议是"找个有钱的男朋友就好了"，问题是有点钱的男生为什么要找这么个没有优势的女生，并且有点钱的男生往往与这个时候的我们出没在不同的领域里。

我不知道其他人是否有更好的经验，但我的经验是，这个时候并没有其他捷径，也不能想太多，任何内心戏多半也只能增加"未来到底在哪里"的痛苦。这个时候所有的资源基本都沾不上边，只能以自己有限的能力去换取基本的生活。这个时候能做的，大概就是咬着牙相信自己会有更好的明天，以及努力投入到具体的事情上去。这件具体的事情可以是工作，可以是工作的某一部分，也可以是某些技能或者业余爱好。回想当年，我读过的很多管理书籍都为我今天的工作打下了很好的基础，而持续有意识的锻炼也让我这样一个内向的人成为通过"较为强大的沟通能力"在工作中发挥优势的人。

不同的人有不同的路径，但起始资源不丰富的人大抵离不开"坚持"二字。在我的经历中也有一位朋友，一个中专毕业的女生，立志要去日本学插画做插画师，所以用了4～5年坚持自学日语和绘画，最后确实得以成行。我想这样的例子还有很多，无非是有心和坚持。

即使现在我都会不断经历迷茫的过程，虽然我已经在技术和阅历上有一定基础了，但还是经常在需要做决定的时候犹豫"这种方法对不对"以及"怎样会更好"——在我意识到自己已经开始纠结在各种细节问题上的时候，我会回归到最初的需求和计划表上，如果跟客户相关，那么就返回去看客户最初的需求，去观察客户的日常工作和工作效果，请客户一起来谈谈他们的感受和想法。比起自己闷在那里想，做点具体的事情还是要容易一些的。如果只跟自己相关，那么反复追问自己"你的目的到底是什么"，然后一条条地具体写下来也有些用处。而且，往往在做这些具体工作的时候可以触类旁通，或者激发新的灵感。

在选择自己要努力的"具体事情"的时候，有两点至关重要。一是真的要投入时间精力去做，自己投入过的事情，特别是撑过那一段看得见、做不到的阶段之后，就会格外有感情；二是要在"对工作来说很重要"和"我有兴趣"之间找到平衡，不能只凭兴趣——比如在上海，有一门外语过得去几乎是找到像样白领工作的必要条件，总归要努力学个过得去的技能。

在理性与感性之间触摸工作之道

对我来说，喜欢管理咨询工作的一个原因是：我的工作可以在数据中发现管理行为的痕迹，从文件中去感受管理者的思想，在这个过程中我能从一根脉络摸向另外一根脉络，最后贯通成一幅图景——我非常享受这个过程。其实这个过程很难为人所道，因为咨询顾问明面上拼的是对方法论、专业知识、技能、工具、数据的使用。我们谈的是科学的管理之道，至于"体会到管理之美"，这种说法听起来非常像一种不着调的忽悠——管理难道不是应该量化、制度化这样严谨而冰冷吗？但随着我在本行经验的深入，我觉得大家在工作到一定年限之后，知识层面的差距就不是特别大了，而我们所谓的技术，很多时候取决于如何理解企业、理解管理之道以及理解人，这需要一个人感性的一面。当然，爱忽悠的管理者们反而不会谈这种美，他们会谈人性的负面、会谈成功可以复制、会谈如何掌控人心……

我相信我不是唯一一个能有这种"我做的事情很有美感"的感觉的人，大概各行各业，从"动脑的"到"动手的"都有能感受到这种状态的人。如果仅仅是停留在对技术、岗位和收入的追求上，大概会更容易在具体的工作中感觉到痛苦吧，因为会需要不停地对"这件事我做了合算不合算""外界对我的对待是否合理""未来的方向在哪里"进行揣摩和抉择，从而消耗掉更多的精力与能量。正如茶道、花道、香道之美并不仅仅在于那些规范动作，也不在于那片刻入口、入目、入鼻之享受，而在于身心与规律融为一体的通透感觉。只会做规范动作，不过匠气；只会享受，仅止欲望；而那种从表象沉浸入规律而感觉到通透，或许才是对道的初步体验。

有一类文章，大意是"当你挣钱不多的时候也要有挣高薪的工作态度"，这种文章往往既会流传很广，也会被骂得很惨，而我其实既能理解赞的一方，也能理解骂的一方。赞的一方很好理解——肯定有站在老板和领导的角度觉得员工就应该有这种觉悟的，我相信也有人是因为体会到了积极工作的实际乐趣与好处而赞的。骂的一方其实更好理解——有些人的工作起点太低，并没有机会去做那些价值8000块钱的事情，对于这样的人来说，这样的要求确实过于"鸡汤"甚至"鸡血"了。

工作也好，生活也罢，纯粹的理性或者感性都难以解决所有的问题，但这还不是最糟糕的，最糟糕的是该感性的时候理性，该理性的时候却感性了。拿工作来说，在考察自己想去的公司时，需要理性分析的是，这家公司是否正规、提供的岗位是否适合自己、是否能让自己的能力有所提升、待遇是否合理等；而需要感性体会的部分是，需要去体会公司的目标、氛围和领导的工作风格是否适合自己。仅仅被公司或者创始人所鼓吹的"情怀"或"创业"所感召，而忽略了理性部分，大概会终成怨恨；而只是凭感觉就觉得这家公司钱太少、活儿太多、没有前途，而不以理性去考量相对于自己的能力与产出、市场上的平均水平在哪里，很可能难以找到真正适合自己的工作。

而如果想做好一份工作，首先需要的是足够好的工作方法。就我所见，能做到中层及以上领导的，绝大部分都属于思路非常清晰的人，能比较清晰地通过现象发现问题、分析问题、提出合理的解决方案——这是做好工作对理性的基本要求。工作中对于理性的要求还包括：足够的纪律性、能够意识到自己的情绪而加以控制、学习能力等；而感性的要求是：在工作中对人际有足够的敏感度，以及培养出对于工作的乐趣。我们的经验是，一个人总得在工作中有一定的技术、经验和对人的阅历积累之后，才能培养出正面的"感觉"。

如果我写文章没有人看，又或者有几个人看却没有任何反馈，如果只是因为自己想写、喜欢写，那么即使没有几个人来看，也没有人反馈，我也会坚持写下去，这就是感性的一面。但我应该去分析一下如何才能把自己的观点表达得更好，或者我的观点本身是否出了问题，又或许我需要在自己想偷懒的时候继续练习，这说的是理性的一面。只有这两者平衡起来，我在"写"这件事上才能做得越来越好。

其实对于我们大多数人来说，我们从来不如自己想的那么理性，在这一点上并不分男女。比如，很多人都会觉得"我心如铁"，如果在这个企业得不到想要的，我就会走。但我们看过更多的人的经验是，只有在很年轻并且在企业待的时间不长的时候才会这样，一旦在一家企业工作了一段时间，付出了我们的精力，与同事有了交集和感情上的羁绊，我们就会对这个企业产生感情，做很多事情时都会开始有顾虑，并且逐渐考虑更多的"平衡"。接受并面对这一点，反而更容易保持开放和解脱。

而对于我们来说，我们的理性也不能钻牛角尖。一个不通人情的技术专家也许可以挣得高薪和一些荣誉，但最多也只能做到勉强被人容忍，除非是乔布斯那样谁也无法掩盖的天纵奇才，否则会遇到各种人为因素阻碍发展，丧失很多发展机会，也失去进一步丰富人生的可能性。

　　我觉得工作与生活中不存在始终不变的平衡，也不存在长期有效的窍门。虽然有时令人疲倦，但人生的趣味一定程度上正来自这种复杂性。也许"自在悠游"就是我毕生追求的目标，而为了这个目标，我需要有足够的能力来工作。我在工作时又能够感觉到足够的乐趣，这样我与工作才是一体而非对立的，并不需要再通过生活的其他方面来平衡精神。也许每个人的平衡点不同，但我还是想祝愿每一个读到这本书的人能够成为感觉到并实现自己价值的人，成为丰富而快乐的人，并找到自己的"自在悠游"。

起点注定不平等

Lesson 2

■ 有时候人生就是不公平的

多年前曾经有一则洋酒广告十分夺人眼球："不得不承认,有时候人生就是不公平的。"无论是职业还是生活,的确有些部分是我们不太能改变的。

比如,家庭背景及出身地域决定了人生早期得到的资源和体验,毕竟我们对于社会和职业的看法以及待人接物的习惯,很大程度上来自家庭的熏陶,太多人声称自己在选择职业的过程中受到了父母的影响——很典型的一点就是大部分父母告诉孩子要"稳定",这基本上可以看作是这一代父母由于大环境变迁所产生的缺少稳定感这一心理的投射。而独生子女家庭中,子女与父母更紧密地缠绕共生,让年轻人在职业选择中考虑的维度变得更加复杂——父母是否同意我的求职方向,我是否要选择离家更近的地域以便可以照顾父母,父母是否可以在我的求职中提供"能量"等。

比如性格,虽然不是绝对的,但这影响了我们部分的思维和行为特点:比如,更愿意与人合作还是独立完成工作,更愿意与人交流还是更愿意面对任务,更愿意通过逻辑思维还是直觉来进行判断,更愿意深思熟虑还是行动第一,等等。

比如是否受过高等教育、是否名校毕业、学习的什么专业,这部分决定了职业起点的高度。我们都在赞美白手起家的故事,但其实很少会有人直说,从底层岗位向上奋斗的路是一个残酷而持久的淘汰过程，这个过程需要自我学习和奋斗，需要遇到合适的事业机会或者事业平台，需要遇到能够与你合拍的同事与上级，等等。在一个层级向另一个层级攀升的过程中，每一次转换都需要新的视角与行为的转换，起点低，则需要积累的时间更长，突破的障碍更多。

比如，进入职场时的第一个企业、领导或者师傅的职业规范与工作风格，其实很大程度上影响了你在工作中做事的规范程度、风格和方式。为什么大企业社招更喜欢同等企业职业背景的人，正是因为这种工作背景意味着相似的职业规范和语境。

甚至时代和经济带来的宏观环境差异，也会影响一个人在职业选择时候的取向。但有趣的是，这部分影响不很稳定——我的父辈们在他们作为知青返乡的时候找工作，去工厂是最好的选择，没本事的人才进事业单位，但如今到了他们退休的年纪，工厂和事业单位的优势和劣势基本彻底反转。我毕业的时候，正逢国企改制大潮，没人要去国企——它基本上是半死不活的同义词，外企才是首选。不到20年，公务员和国企再次成为求职首选。我们当下的选择是否最优，也许没有任何人能打包票。

至于星座、血型之类，倒不是谈职场发展的必要维度，只是闲聊的话题，不能当真。

谈职场不承认这些差异而妄谈"人人皆奋斗"，是一种耍流氓的行为，看似正能量的心灵鸡汤，不过是香精与淀粉勾兑的。人饿极的时候喝点这种鸡汤也许会好受点，但终究不解决根本。而谈职场只谈"拼爹"和关系又是另一种耍流氓，"一爹更比一爹强"是个现实问题，但拼爹也不是没有极限的。

在这样一个快速发展的社会，不要说自己只想做一个平平淡淡的普通人，要知道对大部分普通人来说，即使是丰衣足食、有安居之所、不愁父母养老和子女上学这些最基本的目标，也需要很努力才能实现，更不要说被人尊重和实现自我价值了（其实这两点也并没有我们认为的那么不重要）。

但无论如何，每个人手中仍然握着自己的另一半命运——我们可以通过改变自己的行为，在与外界的互动中换来不同的结果。

你真正想要的是什么

工作中的困扰，部分来自经验的缺乏。就好像站在一群大人当中挤车的孩子，无论怎么努力，终究因为身量太矮而无法够到那个高的拉手，既站不稳，也看不到车窗外的风景，甚至还会被其他人的皮包碰到头。很多人觉得"80后"、"90后"如何狂傲自我，其实接触下来，他们的困扰与20年前的年轻人并无本质不同。也许正是出于这个原因，绝大多数职业指导书籍或者文章往往指导初入职场的人，一来话题比较成熟，好入手写；二来入职场已久的人不免习气已深，要看到自己的误区已经很难，要改变则更难。

一入职场深似海，载浮载沉，既然身不由己，就难免歧路彷徨。古人云"格物，致知，正心，诚意，修身，齐家，治国，平天下"，然而从厚黑学到现在的职场小说，似乎总在表达如果要成功，就要钻营、要出卖自己，当然更不能吝惜出卖别人。然而人天生又有恻隐和羞恶之心，"我想要做一个好人"这个念头总是会在某些时候冒将出来，一个纯粹的马基雅维利主义者也并没有那么好做。

但无论你要做一个好人还是马基雅维利主义者，先摸摸胸口问自己："这是我真正想要的吗？"凡事最怕首鼠两端没有定念，没有定念，则烦恼生。如果总是纠结"该这样还是该那样"，就会一面做着自己觉得没有价值的事，一面又被现实的结果辜负。很多抱怨"会做事不如会说话"的人，不过是误认为自己只喜欢做事，其实他们还是希望被认可并升官发财的。既然想求被人认可，又怎能不具备好的沟通表达能力？"伯乐相马"只是个故事，现实中的赌马是要看比赛记录的。

很多人想要在职场的熙熙攘攘中看透老板、同事以及客户，希望这种超能力可以不让自己受到伤害。其实很多时候，并不是谁存心要害谁，大家利益相争，没占到便宜也不能算吃亏；又有很多时候，不过是"形势比人强"。若要讨个公道，那也不过是日日上演"罗生门"。

若不知道自己图什么，又怎么去争呢？难便难在，第一要知道自己图什么，第二要知道能做什么、不能做什么。《道德经》中几句话说得倒很全："知人者智，自知者明。胜人者有力，自胜者强。"

其实直接表达自己的立场往往是最好的沟通方式，但很多人并不认同。大部分人直接表达出来的是裹挟着情绪判断的片面事实，这种自然非常容易伤人，因为其中充满了"你需要XX，我才会感觉好"的情绪，别人自然不买账。直观地讲，员工总不能找老板谈工资说："老板你多给我点钱，我必然比现在干得好。"，而只能说："老板我做了'123'事情，我还能承担'567'，能否考虑给我涨工资？"而不直接说的表现则是："老板你看我也做了一年，XX也做了一年，为什么她的工资比我的高？"以及"XX公司想挖我走，给了这个数，您看怎么办呢？"后者还容易生是非。

做到上乘功夫很难，但原理并不深奥，无非是对他人的情绪有接纳与体谅，由此而带来对人的洞察与理解。这样，你的一举一动虽然不出于刻意，但决不会脱离他人的感受规律，让人觉得被刺伤。通达永远是好的，即使一时达不到，也不能否定这种存在。

简历上无法体现，却不得不重视的阅历

在我们成长的过程中，有一个维度很难衡量，它几乎不会体现在简历上，但却会从一个人的举手投足、观念、待人接物等每一处细节和所做的每一个决定中体现出来——这就是阅历。阅历不仅仅来自工作，也来自对于生活的经历与体验。

是否经历过人生起伏对一个人的影响是很显著的。往往我们会注意到，一个一帆风顺的人很容易刻薄（虽然刻薄的人不一定是因为顺利）——这是因为他无法理解为什么他能轻易做到的事情，有人就做不到，甚至还有人无法理解或者压根不知道。阅历包含时间和经验的积累，更包含了在一件又一件的事情当中吸取营养、找出规律，让自己的灵魂饱满起来。

在我们阅历不够的时候，总会碰到很多看起来两难的局面——我跟同事以及领导对一个项目的意见不一致怎么办？我怎么处理跟同事的关系，我需要讨好老员工和那些看起来很有影响力的家伙吗？这件事情听甲领导的还是乙领导的？客户要求再降价30%，如果不答应会不会导致客户流失？父母希望我早日结婚生子，但我人生的理想不是这样的……在面对所有这些"怎么办"的时候，有时我们会问朋友，有时我们会问百度，有时我们会问看起来权威、中立、客观的人，但没有一种方法能够代替从自己的角度和目标出发来做出最终的决定。

坚定地站在自己的重心上

阿根廷探戈是一种很美的舞蹈，女舞者在男舞者的引领之下舞蹈，看起来非常浪漫。但在学习过程中，老师会反复强调女生虽然要服从

引领，但一定要保持自己的重心稳定并将自己的力量表达出来，一定要每一步都稳定地落在重心上之后再进行下一个移动过程，否则两个人的姿态都会变形、站不稳、磕磕绊绊，然后舞蹈的乐趣就烟消云散了。

其实人与人的关系也是一样，如果你不能坚定地踩住自己的重心，让自己稳定住，那么就会因为各路人马的愿望、不负责任甚至是隐藏恶意的建议而让自己的行为变形、让自己失去对目标的掌控，最后让自己的价值被削弱、被轻视，从而觉得人生更加艰难。在人生的波折起伏中坚定地踩在自己重心上并不是一个恒定不变的方法，而是根据自己的价值观、自己所处的情境以及自己所希望达成的最终目标来决定的具体行为。

比如是否要给客户便宜30%，关键取决于我对客户的理解是否准确，满足了这一个条件就能成交，还能保证应有的利润。多数情况下，客户提出这种要求的时候离真正决定下单还有很长的距离：他在比较，并且也在试探你的底线，甚至还会故意在几家之间造成竞争压力。最先屈服不等于能够战胜对手，成为炮灰的可能性倒是比较大。更深入的交流、更合适的价值匹配以及合理的盈利才是持续维持一项合作的路径。被微薄利润和过长账期压死的企业比我们想象的要更多，以极大代价拿下一个客户然后成为持续的负担，并不算什么好买卖。如果你和你所服务的公司只能达成惨胜，相信我，你们坚持不了太久。

又比如在公司里我应该听谁的、是否应该讨好同事；又或者反过来，我是否该纵容一个能干的下属——它们是一类问题，即我的价值在哪里？如果我仅仅因为他们的否定就无法在企业立足的话，那么是我的能力和我所能产出的工作成果已经薄弱到这种没有存在感的程度了吗？如果真的是这样，那么我觉得任何没有下限的讨好都是天经地义、理直气壮的。

但对于多数人来说,并不是这样。我们因具备一定的技能和经验被企业招聘,因此,我们需要站在我们产出的价值上,依据我们想要的目标去组织我们所需要的资源——谄媚或者清高、听从或是反对、站队与否都有可能是对的,而且这中间还都存在着可以回旋的空间,但无论最后选择的行为是什么,都必须是出自我们主动的选择。其实在多数情况下,工作中并不太存在"我讨好了谁"就足够稳妥的情况,领导可能会换人,自己的岗位可能会被调整,甚至还有各种跳槽和企业生生死死、兴盛衰落的变化,而在变化太复杂的情况下,只靠跟随也是没有办法保证自己境况的。

又或者我们的父母、亲戚总是叨叨他们对于人生的理解以及对于我们人生的安排。不听,似乎从感情上对不起父母的一片慈爱(以及亲戚莫须有的好意);听,似乎又对不起自己对人生的理想与期待。我觉得前段时间在网上看到的一句话倒是值得深思:"听话是因为本事还不够,翅膀硬了就不会听话。"倒不是说父母子女之间一定要谈到"经济基础决定话语权"这种极端的言论上去,但是一个人做到起码的经济独立,可以自己找到还过得去的工作,不至于饿死或者每天精神压抑,有自己的朋友以及可以交流的圈子,就基本上不会长期停留在大量问题都要与父母斗争的状态上——父母多数是拗不过子女的,而且多数父母也没有盲塞到执着地反对子女靠谱的意见和行为的程度。

大多数时候争论的焦点都在于可能性——比如探讨这份工作是不是比那份有前途,这个男人是不是比那个男人更适合做一个好丈夫。大家谈的都是感觉:公务员的工作稳定,私营企业朝不保夕但有更多挑战性,所以成就更大事业;我觉得他老实,以后不会花心,以对方家的条件能过上好日子但我不爱他……而不是实实在在地对生活的计划与实践，以及让人看到成功的可能性：我选这家企业是因为我能够从中获得XX经验，由于这个经验我可以做到XX；我们为将来结婚所做的计划是这样的，而我们现在已经做了XX……如果是很具体的计划与实践，即使双方谈不拢，也至少可以保证在自己的节奏上行走而不会迷茫于"听还是不听？他们的意见似乎都很有道理，我听谁的？我该怎么办"。

倒是有一种情况——浪子回头金不换，那真得是他的重心已经低到一个极致，乃至于任何改变都是向好发展的，这倒也能成功地"勒索"到周围的人。

作为年轻人，我们会发现同样是长者，有些人的话语和行为总能更让人尊重以及信服，但还有很多令人不以为然——应该说，这正是在一生的种种选择过程中，做出的一个又一个选择带来了最后的结果。也不得不说，我们总会有老去的一天，我们的行为和我们逐渐积累起来的"阅历"会慢慢展示给我们：我们所能看到的世界是什么样的，以及我们最终被这个世界如何对待和看待。

一些难以实现的职场理想 Lesson 3

钱多事儿少离家近

在职场培养合理的眼光，在我看来并不如想象中那么容易。我母亲是一个从国企退休的工人，多年来总是习惯性地催促我去找一份"好工作"，因为她觉得我的工作需要加班出差太苦。可是如果我问她心目中的好工作应该是怎样的，就只剩下"工资高、发福利、吃饭免费、上下班准时、工作轻松、离家近"这样的维度。所以，论具体岗位和工作内容而言，她其实分不出促销员与销售总监哪个是好岗位，她只是知道销售总监挣得多，但她确实觉得如果我去做个超市促销员，每天往那里一站，聊聊天就能拿钱也蛮惬意的——虽然我知道她的观点几乎没有一点是对的，但这就是她人生经验的结论。

尽管年轻一代无论是受教育程度还是从互联网获取信息的便利性都不是我母亲所能比拟的，但这种思想上的局限似乎并不容易突破。我所知道很多年轻人对工作的目标也只停留在"工资高、福利好、工作强度合理、公司气氛友善"这个范畴内，我几乎可以肯定，他并不知道该用什么方式获得这种"好工作"，甚至找到一份可以持续努力的工作可能都会很难。

我听到的很多问题其实都属于这个范畴的议题，比如"我该选择这个 Offer 还是那个 Offer？""我是否要接受领导安排的临时性工作？""我是不是应该跟公司谈谈加薪？""我应该怎么对待那个刻薄的领导或同事？"以及令我最无奈的"你觉得我们领导这么说是什么意思？"这些问题其实最后多半还是需要自己得出结论，但用什么态度去面对这些问题的根本在于："我对工作的期望是什么？"

我知道最标准的回答是："我希望自己的薪酬待遇和得到的尊重配得上我的付出！"但从我的经验看，每次我们做工作分析的时候，所有岗位的所有人都会告诉我们："我的工作很复杂、很重要，我付出很多。"——哪怕这个工作只有一个内容，就是拿起一袋液体对着日光灯看里头是否有悬浮物。倒不是说这种工作不重要或者是不值得尊重，但换谁来旁观，大概都会觉得这个比配料和灌装工作的价值来说要低一点，从而获得的薪酬也相对较少。

"过于计较"和"过于不计较"似乎在职场都无法有一个好的未来，这个平衡点在哪里？我觉得这个平衡点还是在于"我对工作的期望是什么"。我知道，如果大多数人能够站在高一个层级的角度来看待自己的工作，就会有很不同的感受。但很多人都没有这个机会，所以在每个节点只能以当前的感受和想法来决定。也正是这个原因，很多问题看起来会是一个死循环而无法解决——"我就是独特的我，为什么要妥协"或者"给我一个机会我会做得很好，可我却争取不到这个机会，怎么办"。

我觉得可以从以下几个点来确定自己对工作的期望：

- 我是否了解我的工作/我希望从事工作的内容是什么？
- 如果我想从这份工作开始获得更好的发展，那么应该在这一份工作中的哪些方面下更多的功夫？
- 这份工作最吸引我的是哪些方面？
- 除了本岗位现有的工作之外，还得了解或知道哪些方面才能让我看起来比同阶的同事做得都好？

- 我的直接领导具备哪些我目前还不具备的能力或者技能？哪些是我可以学习的？
- 我如果还需要取得更好的提升，怎么才能让领导支持我？怎么才能让其他人也支持我？

还可以各种追问自己，直至具体到要做的每个细节。

标准这种东西从来不怕高，但一怕不清晰，二怕没有实现的路径。方向都不知道在哪儿，也不知道去往这个方向的路在哪儿，就不好办了。

工作与生活平衡

工作与生活平衡是职场中历史悠久的一个传说，传说好公司会为员工保障这一点。近年来年轻的员工总表现出类似"我不想为100分的人生付出200分的努力，只想付出70分的努力成为80分的人"的感觉，但在我们所处的这个时代，想要达到这种境界是需要靠运气的。工作与生活的平衡只能是动态的和阶段性的。比如，一段时间更多地奋斗事业，一段时间以家庭为重而改做更轻松的工作。但在资源有限的前提下，你不做的事总会有人去做，平衡稳定多半会导致平庸。

虽然对于年轻人来说，工作的动力并不仅仅是"吃饭和生存"，很多人在成长过程中已经习惯了物质的满足，所以，更追求自我实现或随心所欲的生活。但企业并不存在这个状态，企业存在一天便需要盈利，因此，需要的是更多的人来更有效地创造价值。年轻时没有家庭拖累，有无限的期待与可能性，可是谁又能不考虑到自己上有老下有小、体力精力衰退的时候呢？

■ 想成为公司里不可替代的人

现在企业的总体趋势是减少管理层级，而组织结构的扁平化则意味着从管理岗位升职的机会更少了；对应这一点的就是宽带薪酬的广泛使用，从理论上避免"只有从管理层级上晋升才能涨工资"的情况，让技术专家、营销高手甚至能力强的职能人员同样可以持续涨薪。所以理论上说，做具体专业岗位、技术带头人以及"当官"，都可以获得很好的职业发展。

但企业在实际运作过程中很难达到这样理想的效果，在我看来，大企业会倾向于将职能细分，比如人力资源中负责薪酬和负责社保的设置两个岗位；生产管理、设备管理以及安全管理各自是不同的岗位。这种细分其实是有道理的，因为往往这些岗位对人的知识和能力要求是不一样的，要求各种能力集中在一个人身上，培养一个人的成本就会非常高。小企业倒是不强调细分，但总体说来，小企业的业务复杂及规范程度都比较有限。无论是哪种情况，最终的结果都是一个人很难通过一个企业规划好的路径真正获得业务专精与广阔知识面的平衡——很多年轻人向往"成为企业中不可替代的人"，实际上这基本是镜花水月，不可能实现。如果企业中真有这么一个不可或缺的人（如果是老板本人还可以理解）出现，倒是大事不妙的表现：可能是企业神话了这个人的作用，也可能是企业有漏洞，正好被这个人掩盖住了，甚至有可能企业的漏洞正是这个人本身。

■ 公司应当提供愉悦的工作氛围

对于生活一向有两种看法，一种是认为生活应该追求快乐；一种是认为生活应当承担该承担的责任，做该做的事情。如今后面这种看法越来越不时兴了，大概跟年轻一辈不再需要为基本生存问题而苦恼有关系。但如果人只想享受甜的那部分，就会意识不到苦的部分是如影随形不可分割的。

公司的首要道德准则其实是能够挣钱给员工按时足额发工资。是否让员工满意和员工是否能有效产出，在多数情况下并不是正相关。当然如果企业在顺境中持续发展，则无论是从财力还是心气上都会比较愿意分润一些给员工。但让所有员工都能喜欢自己的工作内容和工作方式，参与胜利果实的分享，或者说满意地分享结果，无疑是不可能的。

另外，我们的不愉快有时候来自对自己发展的困惑。我觉得这些年的舆论过于强调找工作之难，却很少强调在工作中层层深入的难度——工作平台期就是这个难度的具体体现。大多数人都会在职业生涯中碰到"不知道如何更上一层"的困扰，以前我听到的说法是个人要有悟性，而现在的舆论一般会认为职业规划就能解决这些问题。如果没有外部的评估和督导，很多人都意识不到自己在层层深入过程中的具体障碍和盲区在哪里。

作为个人要解决这个问题，也并没有什么捷径，无非是多跟领导交流、多跟同行交流、多跟业界高手交流，而交流的前提是真的对自己所做的东西用了心、有心得，才与人家有话题可以深入，而不是只能泛泛地抱怨自己的难处，问一些过于宽泛而无法回答的问题。

公司制度应当以人为本

这是一个政治上非常正确的想法，但有人的地方就是江湖，有人的地方就分左中右，要以谁为本？复杂的不说，就以"工资倍数"（公司最高收入与最低收入的倍数）来说，倍数低了，高管不爽——我操那么大的心、担那么多的事儿，让我跟员工挣得差不多太不公平；倍数高了，员工不爽——没有我们干活哪儿有你们的钱。倾向职能岗位，一线岗位不爽——脏苦累活都在我们这里，凭什么？倾向一线岗位，职能岗位不爽——动脑子协调上下左右内外哪有那么容易？

公司的制度首先以降低风险为本，所以我们会看到出现一些问题之后，公司就会增加一些制度，加入更多的检查和审批，事实上这在很多时候降低了方便程度。有的人会觉得这些制度定出来了也没多大效果，但其实并不像人们所理解的，制度一出来就管用，哪怕最基础的考勤制度也是靠不断地"检查—处置"这个循环才能建立起来。而我们往往也并没有自己想得那么自觉，尽可能方便、尽可能懒惰，这是我们的共性。制度正是为了克服这样的共性而存在的。

公司应当鼓励创新与突破

其实这个还真是一般公司所鼓励的，但有一个前提——能做到低成本实现吗？能够在多大程度上优化产出以抵消成本增加？会不会因为局部的改良导致整体的退步？没有经过精心论证和设计的创新与突破一般是很难让人接受的，毕竟提建议的代价要远远轻过投入成本试错和市场培育的代价，所以，企业真正鼓励的是以低成本增加效益的改良方法。这个很难做到吗？很难。为什么那些曾经的技术巨头也会轰然倒下——比如 MOTO 手机，就是因为破坏性创新并不见得是企业利益最大化所在。

企业就像人，也会新生、成长和死亡，也需要适当的生长环境和成长路径，所以互联网企业确实改变了很多行业的生态环境，改变了我们的行为。但即使是这样，我们看到还是有很多"创新"的想法在现实的市场上没有真实的实现场景，或者虽然有需求却无法转化成盈利的商业价值。从宏观来看，这当然也不是什么坏事，消费者会得到更多选择与实惠，而市场自己的力量也会选择最适宜生存的产品。但对个人来说，切不可沉溺概念而不顾落地实现，企业是没有务虚的土壤的。

前辈的经验都过时了，我和他们是完全不同的年轻人

这确实是"90后"出现之后才有的一个现象，之前大家不是没有腹诽，但不大在明面上聚集成舆论倾向，更不太可能赢得广泛的支持与同情。这包括："我们一定会超越你们"的这种表态，"前辈啰里啰唆已经跟不上时代和我们年轻人的想法了，我们年轻人完全不同"，以及"你们画饼是拿我们当傻子吗"之类的公然对前辈的嘲讽。事实上，有志气虽然是一件好事，但嘲讽前辈并没什么用，不管什么时代，你在领导（老板）、客户（用户）、资源（投资人）三者之间总得服从一头，而最终大家服从的都是市场需求。

其实"90后"无法革前辈的命还有一个原因就是，即使互联网企业有不同的工作习惯，但无论是盈利模式还是指标都逐渐接近传统企业，从企业文化上来看也没有任何突破之处，雇佣关系双方的道德仍然有待提高。对自身权益的强调并没有太大不妥，但强调之后自己的交付能力却不尽如人意。于是20年过去了，企业文化范畴里仍然只有所谓"铁军文化"和"家文化"才能解决一些问题。科学管理、规

范管理、人性化管理，通通被一句半通不通的"降维攻击"[1]噎回去。

仓廪实而知礼节，吃苦本身并不是一件值得颂扬的美德，但一些"90后"觉得一切好事都应该自然地送到他们手上，而且要随着自己的需求变化而迭代升级。可世上也并没有"每个人都会成功"这种道理，也没有"每个人都过上理想生活"的现实，更没有"普天之下都是你妈"的温存体贴。一个人在挫折和打击过程中的反思、忍耐中的磨炼以及对人情世故的揣摩，最终是一个人成长历程中迈不过去的坎儿。当你不想吃苦又不得不吃苦的时候，这苦就格外难以忍受。

---

[1] 出自刘慈欣的科幻小说《三体》，后来指以一种低级、违背正常文明的方式打击别人。

了解组织的逻辑

Lesson 4

组织的理想状况是完成目标，而不是关注员工是否是个有个性或者有思想的人。当代人力资源管理理论和方式基本建立在西奥多·W.舒尔茨[1]的人力资本理论之上。虽然从人类总体来看，人力资本的投资可以带来巨大的生产力发展，然而具体到对一个人的投资却有可能是赔本的，用力培养不见得能产出一个真正合格的劳动者。

所有领导者都有一种痛苦——虽然一定程度上可以挑选自己的员工，但大多数人都只是普通人，虽然可以承担一定工作，但往往有自己的不足和经验局限。而且绝大多数员工是不体谅领导的，这是人之常情，每个人一定首先关注自己的利益。要想做一个好领导还得会设计工作，让工作的内容与流程符合一般人通过训练可以达到的水平，善用人的长处以及激发人自我完善的意愿。当然，使用得当的话，咆哮与惩罚也是会产生立竿见影的效果的。

在诸多管理文章中，我们非常强调对人的管理技术。但设计工作是一件不能用几句话或者几条原则来涵盖的事。该把工作任务发给几个人合作，或者是把工作任务分成几个模块让几个人各做一块，要想知道到底怎样才会带来最高的效率，就需要对工作内容和目的非常了解。但设计工作确实是很重要的事情，有时候你会发现一个岗位很难招到人，或者无论谁来都干不长，此时最重要的不是感叹"现在的年

---

[1] 西奥多·W.舒尔茨（Thodore W.Schults），美国著名经济学家，是公认的人力资本理论的构建者。

轻人",而是看我们的工作设计是否合理。

举个例子,某单位发现自己的销售经理不够得力,并且在部门内拥立小山头,但因为此人掌握了一定资源却不能随便开除。这时候如果公司从架空收权的角度给他派一个副手,可以想象,谁去当这个副手都无法有效完成工作。这就是不合理的工作设计。

从实际经验来看,当我们对团队中每个人特点的关注多于业务的成长时,往往就会走向管理的歧路,会发现"人太难管了"。对于管理者来讲更重要的是选拔合适的人、给人合适的机会做合适的事。一个没有改进和成长意识的人,再怎么批评教育都是枉然。对于经验传授这种事,对方是否能够领悟以及改进完全不是我们能控制的。无论是期望、同理心还是制度,都不能代替对方自我改变的原生冲动,这也是在组织里惩罚往往比奖励更多的原因。我们确实也更容易记住惩罚带来的不爽后果,所以会想到要改。

工作实际和职场文章最大的区别就在于,工作实际中的状况是流动的,是大家的意识与行为互相影响而形成结果的过程。而职场文章在相应的内容框架下,只能展示静态、局部的问题,要靠从典型案例中提取的抽象规律来说明观点。

在一个组织里生存更像是在市中心的繁华路段开车,虽然掌握交规和技术很重要,但更重要的是观察周围流动的车辆、自行车、行人甚至是狗,有时候要猜测两条路线中哪一条更顺畅。在组织中生存,你要从"我"的角度主动去设计目标和实现目标的方式,主动设计路线并且根据路况调整自己的行进节奏,这样你就在一定程度上比那些随外界影响而漂浮的人更知道自己在做什么,也更容易抢在他们前面获得自己想要的东西。

如果你处在这样一个视角下,一个同事对你客气还是尖刻,可能就不会直接影响到你的心绪和判断了。大多数人年轻时在斗气上无谓地消耗了太多能量，比如"XX这样对我，我该怎么还以颜色"，或者"我以为XX是朋友，他怎么能这么对待我"。

我们会对人产生感情上的羁绊，因此在工作环境中，我们还是需要明确自己是来通过工作而获得工资甚至成长的，而不是来社交的。"朋友"这个词也值得我们更谨慎地对待，即使偶尔一起吃饭或者逛街，也不意味着你们就是无话不谈的好朋友了。"朋友"这个词意味着更密切、更深度的了解与交往。

我并不认为在工作中绝对无法交到朋友，但首先我们自己要有识人之明，不能因为谁看起来客气就觉得是朋友，谁在工作中让我们略不顺心便觉得有阴谋——人与人的互动要比这个复杂得多。其实大部分工作问题可以放在桌面上谈，因为信息透明可以减少沟通上的成本以及猜疑带来的误会。大部分沟通宜直接面对面进行，电话、电子邮件或者网络聊天工具等沟通形式因为缺少对人的直观接触而不容易把事情说清楚——当你到一定程度之后，你会发现最有用的是"阳谋"而不是"阴谋"。

可以向公司提一些你有能力做出改进的建议，但不要泛泛而谈公司管理的好坏。特别要记得无论什么时候，都不要跟同事、领导或HR透露你对公司或者工作的负面情绪和看法。不要把自己的把柄亲自放到他人手上，有时候他人的无心之言会出现你无法预料或者控制的传播效果。

其实我们都想要"做自己"，只不过是"做更好的自己"罢了。

Lesson 5　掌握原理比熟练技巧更重要

如果有人问我，什么时候是跳槽、找工作的黄金时间，我会告诉你"随时"；如果有人问我，一个新人进入职场，多长时间能第一次跳槽，我也想说"随时"；如果有人问我，简历怎么才能压缩成一页纸，我会说"那不重要，重要的是把自己的优点浓墨重彩地写明白，版式清晰好看"；如果有人问我，纪律性对于工作重要吗？我会说"很重要"。我知道有很多人说：招聘市场春节后工作机会多；年轻人第一份工作做满三年跳槽是比较合适的；简历要一页纸；还有谷歌和各种高科技企业的管理是多么人性化。他们说得对吗？其实也对，只是把问题简化了，并且口耳相传之后，这些说法背后的道理逐渐被湮没，只剩下教条。

比如求职的黄金时间，春节以后固然因为跳槽的人多而带来的岗位也多，但同时竞争的人也更多了，基本上处于应届生和社招人员混战的局面，对个人而言求职压力并不会小。

比如"跳槽之前要在一个单位或岗位做满三年"，这是因为一般人从新手进入一个行当，从熟悉岗位、行业到具备独立处理各种突发问题及综合性问题的水平，普遍来说是三年，但这有一个前提是已经选定了自己的发展方向。如果还没有明确的职业发展方向，与其强忍着，不如早点跳槽尝试适合自己的方向。

一页纸简历的本意是写简历时要重点突出，叙述精炼一些，不要写太多与所求工作没有直接关系的信息，附着太多证件和证书。所以无论是一页还是两页纸，重点不是页数，是简历的陈述结构、对自己优势的表达，以及版面设计的润色。

至于人性化管理，我没有办法了解谷歌真实的管理运作，但从本土广大民企的发展水平来说，"勤俭闹革命"仍是唯一的出路。而作为个人，如果没有良好的自律能力，你在对纪律性要求高的行业待着会比较不舒服，而在SOHO这样高度自由化的工作模式下工作则会更加无法有效产出。

不仅在求职和工作心得方面，几乎在人生的各个方面都有人写"不能不看的8句话""最好的XX经验"之类的指南。在网上说一句话、发表一篇文章的成本很低，这让阅读者更容易获得各种意见，但如果阅读者不能加以甄别，则会深受其害。我一直认为对人可以少琢磨一些"为什么"，一则人心隔肚皮，没那么好猜；二则一个人可以用自己的行为去影响与他人的互动模式。但对于一个现象或者一个含混不清的道理，多问几个"为什么"，追溯一下来龙去脉，人才会慢慢地"明事理"，才会头脑清醒地在纷繁复杂的变动中保持本心不变。知道道理是一回事，要把道理变成自己真懂且能够应用的，总得有一个"亲自做一遍，凡事问到底"的过程。

我最近遇到一个陌生的行业，在探索客户需求的过程中请教了一位业界大拿，这位大拿高举高打地给予了纲领性的指示，我听完之后觉得特别有道理，但回到电脑前却发现还是无处下手，然后又回头找大拿，大拿沉吟片刻后，告诉我去客户一线直接盯三天，看最好的部门和最差的部门都是如何工作的。在这个过程中，问题就慢慢解开了。

一直以来很多人把"读书"看作重要的学习手段，这没错；我们作为咨询培训行业人士，当然也会拼命向企业洗脑说要"重视培训体系建设"，这其实也没错；许多在职人士隔一阵子就觉得自己不懂的还有许多，要去做个进修，这当然更是好事。但对于在职人士来说，真正知识的力量体现并不主要在获取这些二手知识上，而在于对自己岗位中发生的问题多问几个"为什么""怎么办"，然后把自己的知识与之结合，形成解决与改进的方案——这一点无论对于管理者还是专业人士，哪怕是服务类岗位与操作工种来说，都是真正有效的提升之道。看起来最慢的方法，一旦搞通几个关键问题，就一通百通并且效果持久。

很多从事专业工作的人，往往在度过最初的学习期之后就走向另一个误区——"为专业而专业"，谈起岗位评估能拿出四五种工具，谈起招聘则能总结出各种"见微知著"的对人的评估方法……跟同行谈起来是一番指点天下、玉尺量才的气派，但一旦回归到企业内部管理上，总觉得业务部门都不配合，自己一番管理体系化、精细化的理想抱负无人理解、无法实施。

还有很多管理者困扰于制定了那么多制度流程，却总是一落地执行就走样，最后往往不了了之，如何提升管理效率终究成为痼疾。

这让我想起德鲁克先生在《组织的管理》中曾经讲过的"三个石匠"的寓言故事：

三个石匠相互闲聊，彼此询问将来准备做什么。其中一个石匠回答说："我要挣钱谋生。"第二个石匠回答说："我要做出全国最棒的石匠活儿。"第三个石匠眨了眨眼睛说："我想修建一座大教堂。"

德鲁克先生认为，第一个石匠只是一个庸人，第三个石匠才是一个真正的管理者。但值得注意的是，德鲁克先生同时认为第二个石匠是一个大问题。专业是非常必要的，没有专业，任何商业都无法繁荣。但危险在于，工人和专家往往相信自己能够做成一些大事，而事实上他们不过是磨光石头或者清理废弃石块的人。专业在商业运作过程中是必须鼓励的，但是它永远要与整体的需求相联系。

在老国企的传统里，即使默认大学生是干部身份，是要做管理岗位的，也会有一个去一线的见习期，然后经历层层的选拔，一个部门接一个部门的历练，逐渐培养出做管理的能力。现在的整体趋势是企业组织的扁平化，我们经常发现这样的客户，200人的企业有15个中层管理人员，然后上头就是老板。大家各做一摊，专业化是专业化了，企业也减少了冗员和出现不可替代者的风险，但作为个人的发展则受到了更大的制约。

传统上一直认为"有一门好手艺就饿不死"，这可能是真的，但如今我们的专业表现越来越需要靠智力成果以及团队绩效来体现，我们不太可能像一个好车工那样，去了哪里都是一个好车工，我们只能做到"理论与实践相结合，解决企业当前最重要的问题"。举例来说，对于HR来说，很多时候招聘是一个麻烦，几乎从年头到年尾，业务部门就不停要人、走人。勤奋地去做招聘也算解决办法之一，做到了这个，起码领导也说不出什么了。如果想搞通这个问题，那必须从多种角度去思考——内部人员是否存在能力缺陷、内部是否存在工作流程的问题、招聘计划的提出是否盲目、现有人员是否能实现两个人干四个人的活儿拿三个人的钱……这些问题大多不能通过询问得到现成的结论，而是要自己逐个环节去观察摸索。摸索一轮之后，对于HR管理中什么环节会出现什么问题、问题的表现是什么就基本上清楚了。只有这样，方能被称为"行家"，否则最多不过是一个勤奋的办事人员而已。

当然，一个经验用一生如今也已经不现实，所以，这种实践的精神必须持之以恒，如果有一天我们发现我们不再跟一线有接触了，我们不再更新我们的知识和经验了，那就说明真的老了。希望我们都能永葆青春！

职业规划

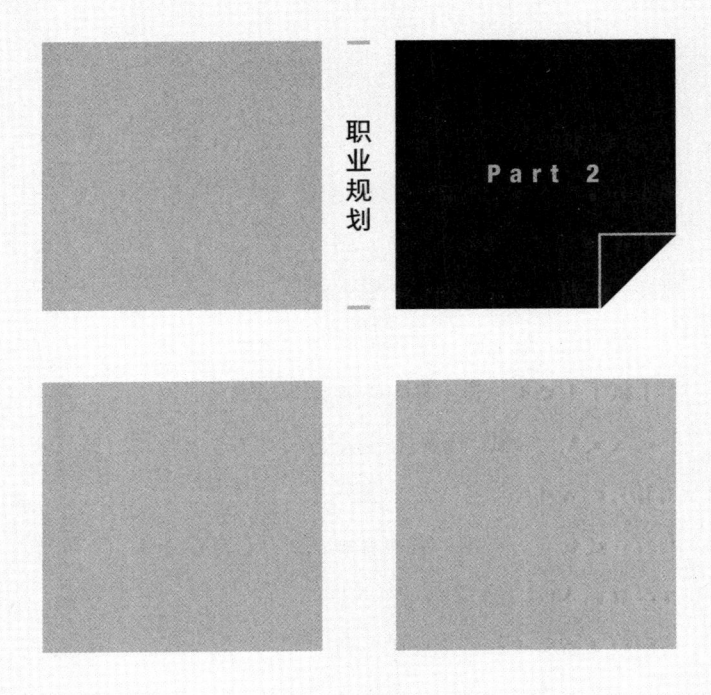

Part 2

Lesson 1 为什么企业要问我的职业规划

"职业规划"这个词,火了其实没有几年,但现在很多人只要在职业生涯中出现任何困惑,都觉得"应该做个职业规划"。说起来,我也在这个领域下过点功夫,最早是因为自己的困惑,中间是因为想挣钱,后来……我的观点就有变化了。

曾经国企职工有一个特权叫作"顶职",就是自己的岗位可以让一个孩子来继承。那时候是不谈职业规划的,因为每个孩子基本上都会延续父辈的工作。那时也并没有太多机会选择自己想要的工作,只能努力适应环境,至于到了单位该如何,有一套职称体系还算是挺清晰的。这套东西直至今日也没有消亡,很多体制内的小青年说"似乎可以看到 30 年以后的生活什么样",但从另一个角度看,这种稳定感和归属感也并不是没有意义的。

而后 20 世纪 80 年代末的国企改革、民企崛起以及外企的进入打破了这个体系。自那之后,工作和求职变成了一场复杂的博弈。劳动本来是一切有劳动能力的人民的光荣职责,从那之后,有很长时间却变成了"在某老板手上吃一口饭"这种不得不做的没什么尊严的事情。上海话里"做生活、吃生活"等词汇,那是端的传神。也就不到 10 年前,仍有不少企业公然威胁员工"今天工作不努力,明天努力找工作"。而找工作难仍然是现在舆论年年渲染的社会热点。

但从企业角度来看,员工的职业素养不过关始终是个难题,现在则更加突出。虽然这是一个综合因素导致的问题,但无计可施的企业更希望求职者能够自觉自发地解决这个问题。

企业 HR 往往分不清"职业生涯管理"和"职业生涯规划"的区别，前者是企业针对不同年龄、生活与工作阶段的员工提供不同的职业平台、工作设计以及培训和福利计划等；而后者是个人对自己能力素质的提升及职业发展的规划。当"终身雇佣"这个概念被砸烂（这还是个世界性的趋势）之后，企业对员工的职业生涯管理便非常薄弱，而个人职业生涯规划则变得更复杂也更不容易确定了。

对于个人来说，如何尽可能地给自己选择一个高起点和有发展空间的职业其实很重要。普通的操作性工作当然有其不可或缺的价值，但当个人的能量与聪慧不能完全施展时，那种痛苦也非常折磨人。我谈的不仅仅是钱的问题，对于工作来说，钱是很重要，这体现了一个人的价值，但这并不是唯一重要的问题。当一个人的才能得以发挥，一个人的努力凝结成果实——那种对自己"不枉此生"的感动，对人的一生来说也很重要。

Lesson 2 职业规划有什么用

职业规划并不是让你赢在起跑线上的第一步，职业生涯是一程长跑，职业规划能够起到的作用是让你在到达每一个节点时确认自己的成就，明确自己下一步的节奏以及作为坚持不下去时再次咬牙前行的动力。因此在我看来，职业生涯规划是绝不可能在对工作没有实际经验和认识的时候去做的（这不代表在开始兼职和实习之前不能关注这个问题）。一个有效的职业规划，一定是在有了社会经验之后做出来的，而且是阶段性的，需要不断在实践过程中调整。

职业规划是一个内省而非外求的过程，当然，在非常迷茫的时候，好的职业规划师的面谈辅导会起到正面的效果。但这里有若干悖论，优秀职业规划师的面谈辅导不可能是免费的，但需要这一服务的同志们是缺钱的；职业规划最终要落实到行动措施上，但坚持改进自己是困难的，能坚持改进自己的好同志其实不大需要职业规划。某些需要改变自己的人根本意识不到自己的盲区。

谢丽尔·桑德伯格（Sheryl Sandberg）在《向前一步》（Lean in for Graduates）里提到过职业规划的问题，我很赞同她的看法，大致是：我们现在的职业通道不再是一个直线的梯子，而是网格式的，我们可能在某个序列里前进几步，然后平行换到另一个序列里，中间也可能有因为转换而带来的短期波动。如果认同这样的职业发展模式，那么职业规划中最主要的目标设定应该不是行业和岗位，而是以能力素质提升为主线。这一点对于准备和正在管理序列攀升中的人最为重要。

职业发展过程中的很多问题是由教育背景、工作经验以及技能的硬伤造成的，既然规划，就要正视这些问题，改变其中能改变的因素，如果不以心理学的技术打开心扉，审视并认可接纳自己，是很难在实际行动中改变的。优秀的职业规划师在整个面谈过程中会及时以各种方法反馈来访者，让来访者意识到自己曾经的盲区以及可以尝试的新领域，这也是职业规划师最可贵的价值。

Lesson 3　做好职业规划的关键

和一般想法不同的是，做职业规划首要的要求是"能提出正确的问题"。事实上，很多感觉"我需要职业规划"的人，在最初是提不出正确问题的，困局也因此而来。

我曾经碰到一个例子，前来咨询的女生的问题是："我怎么才能进入外企500强工作？"而她的工作经验背景（太长时间的小公司工作经历以及通用型岗位）决定了她其实不符合500强外企正常招聘渠道的要求，且她个人最擅长的工作与她理想中的职位差距甚远。当我从这个角度据实以告，她却坚定地认为可以通过努力获得自己想得到的工作，她认为她需要改善的只是面试技巧，因为她能获得面试机会……当她第二次找到我的时候，她的问题变成了："我一直无法通过面试怎么办？"我觉得并没有能力回答这个问题，毕竟，我不是那些面试官。最后她亦觉得我不是一个合格的顾问而不再搭理我。

由上一个例子可见，真正的职业规划第一步要确定的是"我的价值是什么"。也许自我价值、理想和个人愿景这种概念会让很多人觉得空虚，但如果没有这些，我们很可能会发现当初花大力气（时间、精力甚至金钱和资源）追求的目标一旦达成，反而不尽如人意——这已经算一个好结果，更可能的是会发现自己追求的与所拥有的差别太大，倾全力而不可得。这种失落与打击，对人的影响远非短期可以消除。

当然，一个人其实也可以不做职业规划，走一步看一步，按照直觉去学习、实践与发展，我觉得这也没有太大问题。甚至一个人也可以默认自己没有太大价值，平平常常过下去。无论怎样选择与奋斗，都不一定能出人头地、光耀门楣。奋斗最多只能在自己能力的极限内做到更好，直至穷尽自己的极限。

另一个职业规划中常见的问题，是希望规划能解决职业瓶颈。坦率地说，这是有可能实现的，但是一定要付出行动上的代价。这个代价可能是积极去寻求业内的人脉；也可能是暂时隐忍，等待良好的时机；或者是壮士断腕认赔杀出；也有可能是正视自己的盲区，改变自己的习惯。大多数人都高估了自己对于改变的承受能力，或者在 N 个互相牵制的维度里，觉得哪个都不能放弃——既不想放弃当前工作的轻松，又怕承担责任带来的风险，还希望能在领导岗位上向前一步，那么最后结果只能是就地一躺而抱怨："这个世界太黑暗了，一切都要凭关系，我这样简单的人是没有办法活得有尊严的。"

在职场上，真正优秀的人其实无法被埋没，在越来越市场化的时代，怀才不遇的事情已经越来越少发生，虽然不能说绝对没有。但多数来说，怀才不遇仍然是一个人有短板的表现。而对于大多数有短板的人来说，职业规划所能解决的问题，并不是成为一根魔棒，使用之后人生就可以开启金手指模式，逢凶化吉、遇水有桥。职业规划所能解决的问题，更多的是认清自己的长处短处，知道自己希望展现给这个世界最好的那些是什么，以及为了这个目的我所能放弃的是什么。如果一个人还觉得一份工作必须得有双休日和朝九晚五的正常工作时间，我想说，那么他大概主动放弃的其实是在工作中那种沉醉的快感——这是一个正常的要求，因此，也只能做一些普通的工作以及获得普通的薪资与发展。

Lesson 4 如何使用外部职业顾问与职业意见

首先得说，真正以职业规划为主要职业的顾问很少，和很多人想象的不太一样，这并非一个红火的市场，而是一片荒芜之地，有需求但没有太大的商业价值。所以，这个行当里最多的是乐意与人分享经验，而不是以专业手法和工具来解决问题的顾问。

我虽然在业余时间给人提供过关于职业规划的建议，但经常怀疑我的建议没有什么用；还有些时候我会对着不合适的问题丧失所有的耐心。我想，向我咨询的人中肯定也会有人觉得并没有什么用，甚至有时候还会在我这里受到另一种伤害。所以我还是希望，如果有人想选择一位亲朋好友之外的职业顾问，最好能了解怎样做才能达到最好的效果。

需要明确自己只是想吐槽还是需要寻求解决办法

这里的区别是：吐槽的时候并不希望自己做出改变，而是希望别人或者环境改变，又或者是只要出掉一口恶气就好；而寻求解决办法则是以自己的改变为方向的，不管改变的是思路还是做法。如果只想吐槽的时候，却碰到对方一本正经分析问题并试图给出解决方案，估计只是火上浇油，最后双方都不爽；而希望改变的时候，如果只得到草率的建议，也是非常糟糕的事。

不能把职业顾问当作朋友看待

一个有一定专业能力，比如受过职业咨询训练或者心理咨询训练的职业顾问会有比较好的共情能力和沟通技术，这会让人觉得交流是一件比较舒服的事情。但这并不意味着双方是朋友，更不意味着对方会为了你的情绪改善而持续付出。这意味着不能随随便便就拿一些小事甚至是隐私来倾诉，对于职业顾问来说，消化这些信息也是需要能量的，这是一件很无奈的事情。有时候职业顾问会在咨询过程中反复让焦点回到他认为重要的事情上，这并非是没有人情味的表现。

不建议提太大或者太小的问题

例如："我怎样才能挣到1000万""我怎样才能找到好工作"或者"我的领导说了这么一句话，你觉得他是什么意思？"如果不是在正式咨询的情况下，这种问题问谁都不会有答案。对于前两个问题来说，职业顾问也没有超越常识的妙招，对于第三个问题，揣测人心本来就是个不可能的任务，更何况信息还不完全。而如果在正式咨询情况下，这三个问题则会被职业顾问分解以探索深层的思路，不要觉得"这没有什么用"。

不建议提选择类的问题

例如："我该不该接受这个Offer""这两份工作，我该选哪个？"对于正式咨询来说，这些问题必须回到分析层面去回答；对于非正式咨询来说，你真的相信一个外人凭本能和经验给出的建议就那么靠谱？反正我不信。至于这个问题对于提问者来说怎么判断——你希望顾问支持哪一个结论，就是你的真实倾向。又或者扪心自问："既然两个选择都有不满之处，那么可能的其他选择或者最理想的选择标准到底是什么？最不能放弃的要求是什么？"

■ 非专业的职业顾问一般不会按照严谨的步骤进行正式咨询，只会给出一些建议

如果你觉得这些建议可行，那么就尝试着做一下，然后继续与咨询顾问探讨做了之后得到的反馈。正式咨询的时候也是需要承诺和改进的。如果能了解这个建议的思路，并且扩展到类似事件上，便说明确实起到了效果。虽然完全无视这些建议也是咨询者的自由，但这样的话就请不要一次又一次就类似的问题提问，这样并不会得到成长。

■ 从来就没什么救世主，只有自己救自己

不要觉得职业顾问能解决一些"命好"才能解决的问题，比如"没有合适的教育背景和工作经验，但一心只想去500强企业工作应该怎么办"。咨询之后，你的能力也不可能马上得到大幅度提高，比较可能的是，通过职业顾问的梳理意识到一些误区和盲区，从而进行有意识的自我改变和提升。成长并没有捷径，意识到并改变问题是一件需要咬牙努力并坚持的事情。

职业顾问不是了解所有行业和岗位要求的人

非常具体的薪资、专业技能要求以及职业发展前景这种问题其实去专业口径（论坛、群、猎头、相关从业人员等）问效果更好。职业顾问最擅长的是帮助人审视自我：我的长处、我的爱好、我的价值观、我的盲区等，发现其中不足之处便可以通过教练、辅导等方式协助改进。

很多时候职业问题并不仅仅是职业问题，功夫在诗外

一般人在工作中遇到问题时都会把自己描述成值得同情的，但其实有时候是能力或者价值观硬伤带来的问题。有时候会有人希望寻求的是"职场政治斗争必胜术"之类奇异的东西，然后控诉自己是职场政治斗争的被害者。但深究下去就会发现，发生这些事并不是办公室政治问题，而是工作能力有短板、人际关系特别是和领导关系比较紧张造成的，有时候甚至是想占便宜结果吃了亏……这种情况下找职业顾问确实没有什么用。

Part 3

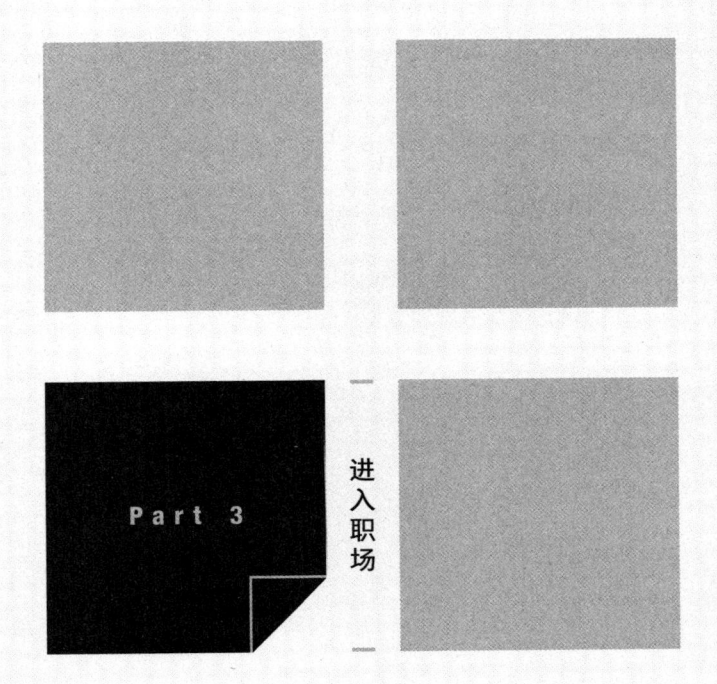

进入职场

Lesson 1　如何匹配自己的职业目标

要不要把兴趣变成工作

年轻的时候，最怕的也许是日复一日做差不多的事情，感觉不到工作中的成就感以及拔节成长的快感。但对于企业来说，这是一种比较麻烦的闲愁情绪。在我还是个初中生的时候，有一次听到我父亲在家评价手下一个技术人员说："才干了半年就想学别的，怎么不明白我用你是干活的，不是纯粹让你学习的。"——这就是个人逻辑与企业逻辑不同的一个典型。

我们在学习人力资源课程的时候，有一条普遍应用，但看起来非常冷漠、没有人性的原则叫作"因事设岗，依岗定人"。也就是说，在管理需要的角度，绝大多数个人只可能尽量去适应岗位的要求，而作为个人所需要的"丰富性"则需要通过福利、文化以及私人业余生活来实现。

一般来说，正如感情生活一样，一个非常热爱自己本职工作的人也会对自己的工作有不少槽点，也一样会有"不理解我"的老板、"拖后腿"的同事以及"让人无奈的"客户。能够热爱工作中 70% 的内容就很不容易了。我觉得可以大致为自己分辨一下——是喜欢与人打交道更多，还是与事务打交道更多；是喜欢听与说、阅读和写，还是喜欢研究和操作设备；是喜欢事情有序进行、可以预期，还是喜欢不断出现新的工作路径和新问题……没有工作经验的学生可以通过自己的学习和生活方式来思考，这比用星座来解释自己的个性更靠谱一点。

但无论如何，懒惰不在我们所谈的范围内。

有一个很著名的、被持续讨论的题目是"要不要把兴趣变成工作"。我觉得这个命题想说的是"我们要不要投入感情在工作里"。说起这个问题，我曾见过一位做古玩生意的先生，他曾感慨地说自己只做懂但不喜欢的类别，否则感情与利润纠结在一起，太累心。但这确实属于我见过的比较特殊的例子。

我觉得这还是怎么界定兴趣的问题。我个人认为真正的兴趣意味着可以不眠不休、不计代价，如果是这种情况，兴趣变成工作大约是一件好事。既可以做自己喜欢的事情，还能挣钱，而且还容易做得精彩。

但大多数人所谓的兴趣是一种"消费的兴趣"，并没有太多的练习上的投入，比如喜欢喝咖啡却并不想了解咖啡的所有知识和做咖啡的技术。在这种情况下，还是找个自己相对擅长的工作更靠谱、更省心。

另一方面，对工作中的成就感以及价值感的期待确实不能太高了，靠激情来驱动工作如同靠灵感来驱动写作一样无法持久，并且很容易产生无力感——大部分人的工作有50%的时候应该是依照流程、应用经验有序地工作，20%的精力用来看待自己现在的工作是否还能有优化的空间，20%的时候需要死磕复杂问题及突发问题，另外10%的时间可以用来体验成就感和价值感。

当我们经过1～3年的工作实践之后，往往已经掌握了当前岗位上比较熟练的工作技能，这是一个非常容易出现厌倦的阶段。但此时无论是晋升调岗还是跳槽都会受自己经验的限制，晋升可能机会还不够多，如果想通过调岗和跳槽尝试别的领域来丰富自己的技能会相当麻烦："领导和HR会怎么看待这个问题呢？"被虐几次之后，甚至会忍不住产生"也许我可以辞了工作去休个假""干脆去摆摊卖包子可能挣得更多"之类的念头吧（我至今还会偶尔想）。

虽然随着市场经济和民营企业的发展，现在的一部分年轻人已经有比以前更多的机会以及更快的晋升路径（三四线城市可能仍比较难），但这个问题还是比较难一步解决。在我父辈那个时代，大家被强制安排在一个单位里，跳槽需要有接收单位的调令，而轻易辞职则可能意味着不但没有工作和薪水，连身份都会变得无法解释。所以一个人如果有心向上，就需要收敛自己的锋芒，默默地揣摩领导、同事和工作，以便可以制造或者抓住任何突然出现的机会。

但现在的年轻人，特别是在大城市里的，可以较少用心在和同事的互相揣测上。这个时间可以用来关心与研究自己岗位之外的工作内容。特别是如果你有创业的期待，那么"市场——采购——制造"或者"市场——技术"乃至一些财务方面的问题都需要适当关注。做得更多一点，眼界更广一点，花一些时间去发掘志同道合的人。

很多时候浪费时间去显示一些小聪明并不能产生真正的价值和效益，比如在人际交往中搞一些无谓的争斗或者平衡、一定要在某个圈子里赶上流行的话题、在人多的场合抖机灵等。

我很少见到真正的坏人和奇葩，但麻木、甘于碌碌无为、消极地对待工作以及自己的人生，实在让人看着既不忍又有些生气。人生如此不易，我们如何还能去浪费呢？

地域、行业、岗位的选择

关于这三个维度的选择，说的人多，说法也很多，而不得不说的是，每种选择都有自己的道理。但我倾向于首先选择行业，因为第一个进入的行业对人的工作习惯和工作经验影响非常大，而且行业会间接地带来对地域选择的影响。虽然现在不太讲究专业对口了，但对口专业和行业之间的过渡还是要比跨专业来得容易一点。

在早期的职业选择过程中，很多人都不确定自己"擅长"干什么，虽然从理论上说，只要加以训练，大部分工作内容、方法都是可以学会的，但毕竟人有感受性问题。所以在工作前3年，我觉得岗位的选择是可以调整的。但要注意成长的时间节点，一般来说一个岗位入门需要3个月，6个月基本能独立操作，但往往3年才能达到处理与岗位相关的各种情况，也就是"独当一面"的成熟度。或者可以作为自己对一个岗位的调适期的参考。如果时间太短，大概还不足以了解一个岗位的价值呢。

从职业成长角度看，对于大部分普通人来说，除非是自己兴趣使然，或者已经很明确为什么要干这份工作以及作为过渡下一步打算是什么，否则非常不建议从两类岗位干起，一类是行政文员或者前台，这种是入门极容易但比较难做出彩，而职业成熟期又很短的岗位；一类是电话销售或者保险销售这种压力极大、获得支持度极小、炮灰率极高的岗位。打磨自己的阅历和性情，完全可以在其他岗位上通过有意识地审视自己来完成。但无论干什么岗位，最糟糕的方式都是只看到当前自己手里的那些职能。

性格与职业发展的关系

虽然性格对职业发展有影响，但一个好的工作者要做到的是扬长避短。

首先要说，性格确实是一种跟先天相关的特质，一旦形成就不太容易改变。性格会影响职业发展吗？这个绝对会！但性格并不能直接影响我们的表现，我们所有能让他人看到或者感受的都是行为。性格虽然不太能改变，可是我们的行为确实是可以改变的。

例如无论是粗心大意还是说话口无遮拦，都是职场中比较明显让其他人觉得困扰的行为，但很多人会说，我就是这个性格没有办法。我觉得对此可以部分理解，比如一个擅长看全局的人对报告中的错别字往往不敏感，但"提交一份没有错别字的报告"还是有办法实现的。其中没有什么奥秘，无非是多看几遍，一个字一个字去读，总能做到。不要低估用心和努力在工作训练中的作用，努力本来就包含克服自己弱点的意义。

相对于性格，管理中会把潜在能力划分得更细，然后分别定义成不同级别的行为表现。在职业所需要的能力素质中，有一些确实是天生使然，比如"亲和力"，这几乎不可破解，同样的话从有亲和力的人嘴里说出来就是说不出的吸引人。但没有这种天生魅力的人也并不等于只能默默地坐在角落里当小透明，跟同事见面主动微笑点头打招呼都能把存在感刷得更清晰。如果不能天然地让周围的人如沐春风，至少可以把自己的态度在需要的时候调整成"诚恳和蔼"，用表情、语言和姿态表达出来。

有一些能力素质确实是可以培养的，比如"抗压""人际敏感度"，虽然不是一蹴而就，也不是所有人都能培养到很高的水平，但确实是跟阅历相关的。同时，这种积累需要持续一段时间的有意识关注，可能很长时间进步并不明显，但一旦意识到了，就不会退化。其实这很像肌肉记忆，需要反复练习来形成，一旦形成就不会遗忘。

合理使用测评结果

对于职业咨询者来说，在网上就能搜到大量心理学专业量表真是糟糕的消息。测评的"测"和"解读"这两个环节在我看来都很重要，但在网上自测的时候往往得不到很充分的解读，而且测评结果也会有一些使用上的误区。有时候会碰到有人告诉我："我的XX测评结果是XX，你能告诉我我适合什么工作吗？"倒不是说测评对工作选择没有用，但据我所知，有些公司的能力素质模型在实际应用中能更准确地判断一个人是否适合升迁或者是否适合某个岗位。

但对个人来说，一个人的主观能动性在工作中是更为强大的力量。测评结果的意义并不在于排除各种可能性，而在于了解自己的短板并进行有意识的提升，这种提升有可能是弥补短板（在严重限制发展的情况下），也有可能是强化长板。

另外，随着近些年心理学爱好者文章的流传，甚至会把很多问题归咎到我们的"原生家庭"和"童年创伤"上。虽然我同意与父母相处的模式会比较大地影响我们与他人相处的行为模式，但觉察的目的不是哀叹，而是接受不完美的自己之后更好地努力。

其实人之所以受教育也好，推崇努力向上的文化、良好的个人修养和风度也好，都是说明人之所以成为人，是因为没有什么能代替和泯灭人的主观能动性带来的力量。突破和改变一定是非常艰难的，但这也正是这种行为的价值所在。

持续的自我认识与改进

对于自己，我们经常很难分辨什么时候是在"赶鸭子上架"，什么时候是在"发掘那个更好的自己"，什么时候又是"想太多"。大部分时候我们对自己的认识和期许是有道理的，但还有很多时候，我们对自己的认知会免不了有美化效应，并且会对自己任性——"我必须要原谅这样的自己啊。"从经验上来看,也没有什么好办法能一次判断就长期生效,对自己的了解,必须放在人生的经历中去动态观察与调整。

我刚毕业时有一段非常痛苦的日子,那时候大学毕业生刚开始"双向选择"而不再是包分配,而校招这种高大上的活动还没有在市场上兴起,一时间茫然到不知道该去哪里找工作以及找什么样的工作。更茫然的是,十几年的书读下来,这个过程中只有一个目标就是读书,于是不知道自己除了读书还会做什么。从那时开始,我度过了一段漫长的被人鄙视的时光——随便一个人都可以过来说,你怎么做事慢/接电话生硬/文章写不好/没有眼力见儿/工作不积极……这段黑暗的时光持续了数年,甚至在我写下这段话的时候,想起来还是哆嗦了一下。

但我挺了过来,并找到了自己擅长且喜欢的工作内容,这个过程中的曲折和艰难无法一一言明,最痛苦的时候我咬着牙问自己,这回总算到底了吧,但事实就像2015年的A股市场——底外有底,底底不休。当有人问起我是如何做到的,我思考了半天之后觉得直接因素完全是一个偶然,一个外行的领导把外行的我放到咨询顾问的岗位上,唯一的理由是那时候他觉得我过得太寒碜了。间接的因素是,我多年的广泛阅读、逻辑思维、沟通能力以及我当时的阅历,恰恰适合了这个岗位,得以顺利上手。

每当我自己回首往事,各种黑历史总让我惭愧冒冷汗。但好在这些年的人生还算没有活到狗身上,我一点点变得比当初要好了。从这段经历里我得出了以下结论:不管信奉和知道什么道理或者方法论,做不到的时候就不能说自己懂;生命中的好事和坏事,最后都会成为有益的人生经验,而不会被浪费;挺住不是一切,持续改进才是,但如果挺不住，那什么事也谈不了了。

前几天有一位读者问我："你是否认为成功没有捷径和方法论，只能一点点积累？"我说："我觉得成功首先靠命好，然后靠天赋过人。如果这两样都没有，还想过得好一点，那就只能一点点积累，而且只有方法论，没有路线图。你要非得问我怎么当央企总经理，那我也不知道怎么办。"

其实多数时候我知道的"怎么办"都在常识范围内，比如"如何让领导支持我的工作"，方法只有一个：首先你要展示出把工作做好的能力；其次让领导知道你的能力，并且相信你会支持他。这个道理看起来平淡无奇，但多数人就是做不到。

做不到的原因其实很多，比如这位领导就是与这位下属三观冲突，他们之间实在无法对该做什么以及怎么做达成一致；比如这位领导就是个傻帽或者人品低劣——很多职业指南总教人在面对这种情况时首先反省自己，但领导也是人，出现这种情况是完全有可能的。真到这种程度，也许改换门庭是最合理的选择。

还有一种情况，就是很多人坚信："有些人不会做事只会表现也能得到领导重用，这个世界太不公平了。"从我的经验来说，相信这个理由的人做事水平并不会很高，只是还过得去。跟周围同一层级的人比较之后，发现自己虽然不是最好的但也还过得去的时候，最容易滋生这种不公平的感觉。但从常识来看，就算大家的做事能力谁也不比谁好多少，从人的本能来说，还是会比较信任自己熟悉或喜欢的人。

第二种情况是有些工作能力还不错，也比较有自己独立想法的人耻于和领导走得近，怕人说自己是因为搞关系才得到发展机会，希望"用能力说话"。这种思路与上一种情况是一体两面，高发于技术类人员。如果是真清高，用实力说话其实倒也还好，就怕误解了"不卑不亢"的真正含义，挟知识／技术／特长以傲众人包括领导，那便过头了。

第三种情况是误把"支持领导"等同于拍马谄媚。拍马谄媚到点子上可是个大学问，这几乎是一种天赋，学不来的，有些人就是能做到一句话、一个动作、一个眼神就让人觉得亲切，给领导安排会议和行程细节妥当、服务周到。其实从常识而论，这种人在谁手下谁不舒服？！谁不喜欢？！

一般人做不到这个程度或者希望公私分明该怎么办？其实方法说起来也很简单：凡是领导交办的任务，一边听吩咐一边分析自己打算怎么做，能做到的要果断而兴奋地接受，不好做的也要果断而谨慎地接受。接受下来，还得跟领导进一步确认方案是否行得通。如果办事周期短，那么做完之后要汇报结果；如果办事周期长，那么过程中要找准节点，多请示、多汇报。汇报时不要老讲细节，要讲怎么做的，做了有什么效果；请示的时候一定要带着自己的意见和行动方案请领导决策，而不是把问题就地一撂问领导："你说怎么办？"更好的是，工作中能急领导所急、想领导所想，用自己的能力把领导有需求但没顾上的事情也都趟平——这些，其实也都是常识。

如果真按照这个方式来做，一个人就不能太计较自己"是不是比别人干的多了、是不是领导把比较难办的事都推过来了、某甲是不是觉得我净去领导那里挣表现了"。如果为了讨好领导，自然也可以这么干；但即使只是为了把工作做好，让自己发展好，如果能把这种工作方式融会贯通，实践一段时间，也会发觉自己分析与解决问题的能力见长。

学会接受不完美的自己

作为普通人，其实我们往往高估自己，这不仅是我的经验，也有心理学研究的证实。我们在自己心目中，一定是风度翩翩又气质过人、勤奋又上进、聪明又和气、善良又美貌的那个，我们配得上这世界上最好的幸福。只要不在生活中也犯玛丽苏，这倒也没什么太大问题。所以相对应的，我们往往也高估了自己对于吃苦的承受能力——我所说的吃苦并不是说没有饭吃、流落街头或者是耕作搬砖的苦，而是思考的痛苦和改变自己的信念，是那种在茫然找不到方向的时候让自己相信总有一天会好的痛苦。很多时候我们做不到我们认为是常识性的事情是因为我们忍受不了改变自己的痛苦，但这种痛苦在整个职业生涯中也许如影随形，唯一的报偿是，如果能挺过去，就会收获到"原来我还可以这样！"的欣慰以及一些成就感的美好体验。

记得在我刚过30岁的时候，向一个岁数跟我差不多的女同事请教："怎样才能每天精神饱满地来上班呢？"她盯着我看了一眼，诧异地问："你居然还有这种奢望？！"当然，听到这句话之后，我觉得既然大家状态都差不多，那么我也算正常，从而放弃了这个美好的愿望。一般来说，接到自己喜欢做的工作时，我自然就能精神饱满，虽然这种时候不是太多，但基本也够用了。

有时候我们喜欢隔靴搔痒地痛惜这个世界。比如我也曾经感慨为何大街上、地铁里行色匆匆的人都有一张木然的脸，如果大家脸上都有点好气色，带着点喜庆的感觉该多么好。可自己天天挤地铁就知道，哪有那么多喜庆？能够早上把自己及时拔起来再留出坐在家里吃个早饭的时间就需要极大的毅力。

年轻的时候，感觉格外敏锐，一点挫折、一点让自己不舒服的感受,都很容易让我们分析来分析去,恨不得从宏观经济一直分析到自己的潜意识,满怀的委屈久久不能散去。我们的职场长久以来强调职业化,要把感情剥离出来,但找我咨询的人多半是把事实、直接的感受和对事实的判断全搅和在一起了,而其实现实往往并没有这么复杂。

我买了苹果电脑的那天,老板突然对我说:"从来没见你笑得这样发自内心,一路上你的两排牙齿就没合上。难道你平时过得都不开心吗?"这就跟蜈蚣被问到"你用哪条腿开始迈步"一样,我开始翻来覆去地想:"我平时开心吗?不开心吗?"后来我发觉大部分时候我是说不上开心的,有时疲劳,有时懒散,有时焦虑,有时厌倦,大部分时候是乏味——很多时候我都是靠技巧勉强维持工作中该有的沟通。

我知道我的生活中还有很多问题,但当我接受这些问题成为生活一部分的时候,就会很自然地解决必须解决的,搁置可以搁置的,甩我想甩的脸色,在条件允许的时间里充分懒惰——不能说这种生活方式没有问题,但当我接受这个德行的自己之后,我就不会去跟别人比较,反而倒没耽误真正不能耽误的事。

如果不能接受不完美的自己,将压力指向自己,就会给自己更多的负荷和挑战。面对一些无法达成的愿望会让自己很累——有一次我穿得十分普通地去大剧院看演出,走在入场通道的时候突然意识到,虽然我还有机会打扮得优雅,但已经永远失去了在最好的年华穿得青春而又有格调的机会。可即使这样,也还好吧。

尽管我已经讲过很多次课,但每次讲课之前我仍然还会紧张(似乎很多人都会这样),但我并不试图告诉自己"不要紧张",也不会试图把自己课程的内容背下来以显得更熟练,而是就带着这种紧张的感觉上台、开讲,然后自然地进入状态。

我也曾经谈丢过客户，那感觉真的很不好，而且总有一段时间会想着："如果我不是这样，而是那样，也许这个客户就不会丢了。"但在真实的世界里，我大概永远不会彻底知道我丢掉这个客户的原因所在。如果我承认自身永远存在着局限性，不大可能让所有客户都满意，我就会在下一次不带着负担，尽我所能去做到最好。

如果不能接受不完美的自己而把压力指向外界，那么可能会更糟。这一点在我的客户中见到过不少例子——每一个领导都觉得自己知人善任，却找不到一个合适的人。我觉得与其说这是对下属和求职者的挑剔，不如说是不能接受自己和下属在能力、思维方面的差异。很多时候我们都不愿意承认自己有不现实的期待——下属能做好我们做不好（或者不喜欢做）的那些事情，并能在我们做得好的那些事上与我们保持平衡（最好不要超过我本人）。但其实在这种心态下，是不会拥有富于创造力而又有默契感的下属的。

我觉得将自己的心理负担与上进心区分开来的有效方式是审视自己是如何描述这件事的：上进心和心理负担里都包括对自己的期许，但上进心可以得到更清晰的描述——对自己希望达到的目标以及即将采取的行动；而心理负担显示出的更多是外界的影响——别人对于同样事情的反应、别人怎么看我、别人对我施加了什么，过多地引用概念而没有细节，比如空泛地谈自己应该更有执行力、自己应该更有毅力、自己不擅长与人沟通等，又或者无论什么问题都归咎到"这就是我的性格"上来。

我们的生活里总会出现"别人家的丈夫/妻子/孩子/父母"等各种被迫参照的对象，而掩饰我们的缺点和窘迫又是如此耗费心力的一件事。也许最后我们每个人不得不学会的就是接受——"我只能作为一个不完美的人继续向前。"

🔸 了解目标职业的要求

  大学时代大概要注意三件事：第一是学好功课，至少保证不挂科，不然有好工作机会的时候真的会受影响；第二，去认识这个社会是什么、职业是什么，没事去做做兼职，学生会工作代替不了工作实践；第三，学学怎么和同性、异性交往，明白自己不是这个世界上最可爱的人，但也值得一爱。

  而工作以后，不管干什么，都主要需要：一，勤奋；二，有担当，勇于面对自己会出错的可能并在发现问题的时候寻求帮助；三，能沟通，别说"我就是我"这种废话，也别这么想；四，尊重他人，适当尊重老同事；五，要明白情感固然可贵，但契约就是契约，买卖就是买卖；六，如果还能有热情、有情怀，那你赢了。

  工作与爱情相似的部分是："如果你不相信这世上有真爱，凑合过也能过，但你凑合过的时候肯定觉得人生不够快乐。"无论是工作还是爱情，只靠等待自己的真爱是远远不够的，当你足够好——也就是你的实力和你的理想相匹配、你的追求与你的价值观相匹配的时候，真爱才会来临。

  从整个职业生涯来看，寻找工作机会时往往会在几个问题上被卡住：刚毕业的时候如何证明自己的能力，跨专业、行业跳槽时如何证明自己的能力，想竞争更高级别的工作时如何证明自己的能力。而这些的实质是如何证明我能胜任这些我没干过的活儿。对于这些问题来说，首先要证明"我研究过我接下来需要做的是什么"，其次要证明"虽然有一些工作我还没有接触过，但我深信之前培养的这些能力会很快弥补这些不足"。用积极的方式证明自己的能力，谈得有道理、有例子、有细节的话，就能说明虽然经验上有些欠缺，但不会是硬伤。

了解自己目标职业要求的最简单方式是阅读各种招聘启事。现在信息如此畅通，无论是咨询业内人士还是在网上检索都比较便利，即使不用太科学的分析工具，多看一些资料也能找到感觉。最好的办法是用不同来源的信息互相印证，而不是偏听一两个人的说法，这样很有可能将别人的成见也一并吸收过来。从业人员往往对自己的工作又爱又恨，如果问一个人"你的工作重要吗"，他一定会从各种角度证明自己的工作特别有价值、特别崇高，但如果问一个人"你喜欢你的工作吗？它有哪些好处？"却往往会引发激烈的吐槽。

　　另一方面，我们也要了解用人单位寻找的不仅仅是符合"硬条件"的人选，同样重要的是"看起来这人的风格能在一起合作"。大多数管理者都会赞同在中低阶职位上，"如果候选人资质还可以，有些岗位技能是可以到了再学的"。

　　"资质"这种东西具体来说可以体现在"亲善合群、为人正直、谈吐得体、思路清晰、善于学习、勇于承担"等行为特点上。这些行为背后的能力有一部分是基础核心能力，几乎无论什么行业与岗位都需要有，大致包括：与人交流的能力、与人合作的能力、发现并解决问题的能力、信息收集与分析的能力等。我们在这些能力上最好不要有太明显的短板。

　　也许有人会说人无完人，虽然这话无可反驳，但作为一个职业人士，首先还是要知道"好"是个什么标准，在这个标准下努力展示自己最优秀的一面，同时设法弥补自己的短板。这个与年龄无关，也与资本家是否有人性无关，如果问"你想要什么样的同事"，首先想起来的应该也无非是这些品质，再加上特定的技能要求。即使是那些非常有个性的人，也往往希望自己的同事是"包容的"，而不是"和我同样个性张扬的"。

还会有人说职场总是会让那些玩不正经手段的人上位，老老实实干活的人吃亏。先抛开道德评判，诚实地说，走正路比走邪路容易，如果都不知道什么是好的，就会是装都装不对路，而正路都没走好就玩邪的，掉到沟里是分分钟的事儿。以大多数人来说，还是老老实实做人、踏踏实实做事对自己更合适。

求职杂谈 Lesson 2

■ 简历写作要点

其实网上已经有很多关于简历写作的建议,但招聘岗位的同志们还是会很苦恼地收到各种看起来有点奇怪的简历。所以说简历写作的第一条奥义就是:"HR 喜欢什么样的简历。"

对于这个问题,首先要看 HR 喜欢怎么看简历。一般来说,重要性的排序是这样的:名门公司工作经验对口 > 非名门公司经验对口 > 出身名门公司经验不对口 > 名门教育背景 > 还可以的教育背景 > 性别、年龄、相貌、居住区域 > 其他培训经历。至于其他个人爱好或者自我评价之类,基本上只会扫一眼就过去,但也并不是说这些不重要,有些领导在面试时也会从这个角度入手综合评价一个人。

简历筛选是一个比较快的过程,除非收到的一批简历都不是太理想的时候才会再仔细看看,筛选出看起来最好的那个,但即使这样,简历上明显的硬伤还是会导致在这个环节就被淘汰。明显的硬伤包括:明显的资历不足,比如一年工作经验便求职总监岗位;太多的跳槽记录;行文和排版一眼看去就没用心,有明显的错别字或者版式很乱。

但大多数人的问题还不是里面的硬伤,而是太过平淡。简历总归要有点亮点,即使对应届毕业的同学来说有点难,也不是没有发挥的余地——学习好的就写成绩优秀,学习能力突出;成绩不好的就显摆社会活动能力佳;做过不少兼职且用脑研究过兼职的行业和工作特点,便可以证明自己知道什么是职业化;混过社团的可以强调领导力与团队精神；上天涯吵过架且赢多输少的可以说自己逻辑性好、专注结果；而吵输的那一定是大局为上适应力强；就算是打 DOTA，也可以表明自己应变力强、协作能力好……如果一条优点都找不出来而你竟然还活着，请允许我对您致以崇高的敬意，这叫永不言败。默默地找出自己的优点然后对着镜子反复激励自己吧，直到自己都相信自己的优秀为止。但千万不要在简历上写"给我一个机会，我将百倍回报公司"——这会暴露你的没有底气，衡量怎么能最大化压榨你是公司干的活儿。

很多简历基本就是一个干过几份工作的罗列，非常平淡，仔细看了之后不免嘀咕："这人到底靠谱吗？太普通了啊。"我推荐用这样一种句式来陈述自己的工作经历："在担任 XX 职位期间，我的主要工作职责是负责 XX / 参与 XX，具体内容包括 XX，在工作期间取得的成果包括 XX，获得客户 / 领导 / 同事 XX 评价 / 公司 XX 奖项。这种写法比较清晰而有重点，特别是强调了工作的成效。但凡有任何成果，都请浓墨重彩地夸奖自己。

但简历制作的重点其实还不是写本身，而是思考"我到底该怎么看待自己的长处"。有一阵子我写简历的时候很痛苦，原因是觉得自己并没有什么特别突出的成果啊，我就是一个普通的人；也不太会做精美的排版，怎么能够做出有亮点的简历啊！简直羞愧得想扔下简历把自己埋起来。但毕竟还得写，于是只得默默地抱着脑袋想："我到底是一个什么样的人，我有什么长处，我想干什么以及什么是最重要的，我能干什么。"在这个过程里，我梳理了整个工作经历，然后选定了一个最值得突出的求职方向，在简历里浓墨重彩地突出了和这一点吻合的工作经历，然后确实得到了比之前更多的面试机会。

记得多年以前看到一篇文章，里头有一句话让我直至今日还记忆犹新："我们不是从失败中学习到如何成功的，而是从成功里学习到如何更成功的。"我深以为然。我在帮人修改简历以及辅导面试的过程中，总是花比较多的时间来讨论"你觉得自己最成功的一件事是什么？"以及"你觉得自己具备哪些能力可以应用在你即将应聘的岗位上"。先找出这两个问题的答案，之后才是对修辞和版式的润色。

所谓答案，是一定要能讲出一件事，要讲得有情节、有结果、有这件事带来的价值，还有个人的心得与感受，而不是干巴巴地讲一些正确的道理。比如我只说"我是一个有团队精神的人"，那么效果会远不如"我曾经组织过一个20人的团队进行流浪猫的救助与管理，我们团队建立了自己的网络平台，有效地为这些流浪猫找到了靠谱的领养者。在这个过程中，我学习到必须让团队里的每个成员都表达自己的建议并最终形成行动方案，这样执行起来更高效"，也不如"我在上一家公司任职前台，虽然这份工作不是太复杂，但我把执行工作时经常被人问到的问题总结成了一张表，以使我的继任者能够迅速进入工作状态"。如果试试就知道，虽然我们很容易觉得自己优秀、善良、勤奋又抗压，但真的要举例说明我们自己是多么好，大多数人根本一下子说不出来，或者找不到最好的表达方式。特别是相对于男性热爱表达自己威武雄壮的习性来说，女生普遍不大习惯直白地表达自己的优势。

另外一个值得注意的是，不要在简历里把工作经验陈述成只有同专业的人才看得懂的东西，比如用太专业的名词、太冷僻的缩写来描述自己的工作和特长。虽然专业部门会参与到招聘工作中来，但筛选简历的多半还是HR部门，在看不懂的情况下很可能会觉得无法评估这个求职者，从而让求职者丧失一些机会。

■ 面试要点

现在的面试变复杂了，包括无领导小组、群面、压力测试之类的不同面试方法。但万变不离其宗，面试是直接展示衣着打扮、风度气质、言谈举止和临场行为表现的时候。面试能不能成功有运气成分，比如面试官自己的偏好，又或者对照效应——如果之前的面试者特别优秀，那么就会衬得接下来这个人灰头土脸，反之也是。所以跟写简历一样，真正的重点并不在已经到了面试房间的那一刻，而在之前的准备。

面试时最重要的不是证明自己完美，而是证明自己确实动过脑子。看看公司官网，了解一下这个行业内的"大牛"，谈谈自己打算如何胜任这份工作——这些不是用来证明你懂，而是证明你把对方放在心上；忌谈自己未来准备考研、出国、创业、当领导——没有企业会真的认为你能跟他同生共死，但也没人喜欢还没有开始就可以预期的别离、野心家乃至未来可能调转枪口从同事变成同行或者友商什么的不靠谱君。起码在面试那一刻，要表现出与公司携手同老、共同繁荣的期待。你要表现出一个低调而不低级、期待而云淡风轻的腔调——眼中不要有HR这个对手，要展现出你对职位和行业能把握住的气势。

有些HR"傲娇"地表示他们讨厌那种在邀约面试的电话里问薪酬的家伙："俺们找了你能付不起你要求的那点钱吗？"在邀约面试的电话里问钱是不太合适，但不合适的理由其实不是这个，而是打电话邀约你的这人一般没资格谈薪酬。而且企业给岗位的薪酬一般是一个区间或者是一个大概的数，电话里也确实说不太清。除非求职者有非常明确的薪资要求，达不到肯定不干，否则没有必要在这个环节过度纠结。

还有一些散碎的面试注意事项：

一、如果约好了不想去面试还是告诉单位一声，举手之劳，也没啥可不好意思的（反正他又不认识你）。毕竟放鸽子更糟糕，HR约个人也不容易。

二、面试的时候千万别带朋友、家属或家长给掌眼。按说这是常识，但确实很常见，特别是在应届毕业生中年年见。基本上这属于一招毙命的做法，面试官见了第一反应只会是："一个完全没有独立精神和能力的人不敢要。"

三、面试官伸手的时候你再握手，面试官先坐你再坐下，面试官不给倒水也不握手的不必太过介怀，尽管这说明公司可能不是太职业化。

四、千万记住你不是来求他赐予一份工作的，是来平等谈个买卖，气场要足。

五、面试完了想问结果可以问，但一般只会得到客气的模式化回答，如果是这样就不要纠缠。

六、一般来说不要在第一次面试时谈钱，除非你很怀疑他们能否给够你要的数，第一轮一般还没到HR能确认你薪酬的时候，所以他们也说不清。

七、面试你的那个家伙不一定水平多么高，但你也别试图忽悠他，装腔作势没有好下场是真理；如果你的某些问题他没有正面回答，那么很有可能是他没有权限来回答，再纠缠下去也不会得到答案。

面试过程中会遭遇结构性问题和开放性问题，一般来说交替使用。具体这两种怎么用，要看HR和公司的风格与水平。不过有些常规问题还是有章可循的。以下观点供参考：

一、为什么离职？

问题的意义：这个问题其实意义不大，但基本上是一个常规问题，主要不是用来考察离职理由，而是考察面试者对前老板的评价以及在压力下编一个顺畅故事的能力——其实不会有人承认自己是因为能力不足业绩不好、跟领导或同事不合、觉得薪水太低而离职的，面试者也对这种情况心知肚明。

回答参考：因为公司业务内容调整/效益不好/希望获得更多的成长等。这个问题没有最合适的回答，但不适宜掩饰太多。

二、你的职业规划是什么？

问题的意义：不同的人希望看到不同的东西，有些人希望看到进取心，有些人希望看到稳定性……但无论如何没有人喜欢看到威胁感。所以绝对忌讳说"考研、出国、创业、当领导"。

参考回答：不断提升专业技能，与公司共同成长。

三、说说你的优点、缺点。

问题的意义：其实面试官此时对你已经有了一些判断，这个问题与其说是在了解，不如说是在验证你对自己的定位、改进的愿望，以及在压力下编故事的能力。忌讳谈太琐碎的优点和缺点，忌讳将一个缺点假装成一个优点或反之（其他面经有这么教的），忌讳说太多项，忌讳态度过于强势，忌讳优点与缺点不符合岗位需要——如果面试助理岗位敢说自己不重视细节，立马失去机会。

参考回答：这个问题没有制式的回答，只能说说哪些缺点坚决不能说：懒（含不喜加班）、没有主动性、不关注细节、不喜欢与人交流或合作、不看书……如果真有这些缺点，别说面试过不了，在职业上想取得成绩也会很难。有些问题要从两方面讲，比如：性格内向——但做事细致、耐心；性格强势——会积极为企业争取利益等；做事讲究灵活——

但仍然重视规则。

四、你最近看什么书？

问题的意义：我个人觉得没什么意义，因为专业能力很容易盘问出来，但出乎意料的是这个问题问的人不少。这主要考察进取心和知识面，所以准备几本专业相关、激励相关的书籍杂志先看看，以备后患。

参考回答：实话实说比较好，虽然意义不大但很容易被盘问出来。

五、简单说一下你的工作经历

问题的意义：首先是考察表达能力，其次可以从中发现职业生涯中的一些敏感问题从而进一步具体盘问。

参考回答：最优秀的事最先说！优秀主要体现在为企业带来的效益上！尽可能不要造假……从头开始背简历会带来沉闷的场面。

六、你目标的薪水是多少？

问题的意义：第一衡量昂贵程度，第二衡量求职的迫切程度。

参考回答：实话实说。有些面经会教你回答"按照企业水平就好"，但如果不是迫切需要的工作或无比理想的企业，企业水平和你的要求差距太大也没啥意思。忌讳先矜持后落价，先谦卑后涨价则更可怕。

Lesson 3　成为靠谱的新员工

为什么新员工会被压迫和排挤

其实没人喜欢新员工，只是因为缺人干活，才不得不找新员工。所以无论你是谁，有多么优秀、多么可爱，又或者多么善良，只要进了个新单位，都得从破冰做起。在这个阶段必须淡定，保持客气友善很重要，但不要过分热情，一见面就叫哥姐、送礼物、请吃零食什么的，现代人多少都有戒心——我跟你不熟，凭什么你对我这么热情啊？你有啥企图啊？有人能够自来熟，那种天然无害能让人放松戒心的本事几乎是一种天赋，一时半会学不会，但学不会也没有关系。

即使所在单位会分配一个师傅或者指导人，咳……想想谁舍得把自己血泪斑斑得来的经验这么容易就讲给你听呢？或者他们还会暗自神伤地想，这么简单的活儿新人都不会做，招聘的家伙是干什么吃的？老子自己干都比给他讲明白快多了。当然，这么想的时候他们有可能面露不悦，又或者不动声色。

但一个新人来了，终究会被扔到一些活儿，能不能干好开始这些活儿，才是在这个单位确定前途的关键。一件事没办好尚可容忍，两件事没办好已经开始亮红灯……接下来，你懂的。如果掌控得住，就算是交了投名状，下一个阶段大家也会再看看怎么论交椅排座次了。

在办事上有几个陷阱，一个是掌控不住不敢说；一个是经常掌控不住让别人掌控；还有一个是掌控错了点儿白忙活不讨好……

掌控不住不敢说非常常见，被分配了工作之后，做着做着发现要出问题，有这苗头的时候不跟直接领导沟通，或是因为直接领导不是个好说话的人，或是因为怕被看轻，或是因为害羞，或是因为觉得麻烦，所以宁可一个人咬牙默默摸索和死扛，带着内心的孤独与苦闷——这几乎是一半以上的领导不希望并且害怕发生的事！其实如果早说，出错的人便可以早点解脱，领导也有个周转机会，没准还能挽救。等问题已经尘埃落定无力回天了，责骂和罚款都只能用来出气和加重痛苦了，便没人能从中获得好处。

由上一段看，掌控不住让别人帮忙当然不是啥坏事，但今天表格不会做找同事、明天资料不全找同事、后天无法协调其他部门找领导……最后的结果只能是所有人都觉得此人除了添麻烦之外没有别的用处，然后……你懂的。所谓关系靠的是勾兑，勾兑就是你中有我、我中有你，只有别人帮你，你帮不上别人，时间长了这关系可就……你懂的。俗话说"天下武功，唯快不破"，就我的观察而言，无论是老板还是客户，他们喜欢在提出问题和要求的时候能得到我立即的回答："是的，这个我立刻就去做！"以及"是的，您的要求我会实现"。将心比心，我们打客服电话的时候只要听到自动语音系统和占线声是不是很快就抓狂？

这是一个浮躁的时代，企业和个人都希望获得快速且巨大的成功，但与此对应的是，我们往往企图以小的机巧来实现。我们总寄希望于更多的技巧和秘诀能解决我们内心中躁动不已的焦虑。随着我给客户做的方案越来越多，我发现，工作的基本功扎实反而是最困难的一件事。基本功在我看来包括两个：沉下来积累的静气以及快速反应的爆发力。当然，这种工作中的爆发力需要经验技能的积累，但太多时候我们在积累经验的过程中，也同样积累着权衡、纠结以及鸡贼的习惯。

几年前，有一位荷兰的培训老师说"中国的同事往往缺乏积极工作的态度"，当时我并不很理解她所谓的积极的工作态度是什么。培训老师的解释是："你需要主动承诺你的工作结果，并且考虑用你最恰当的方式去工作。"当时我对工作的理解是，根据领导的要求把事情尽可能做好就对了。但后来我逐渐发现，被命令之后闷头做自己的事情，然后做出自己能拿出的最好方案才交活儿，这种工作方式可能也是有些问题的。这种方式是一种比较封闭的工作态度，我觉得背后有对"也许我能力还不行"的怀疑和恐惧。毋庸置疑的是，领导喜欢看起来更坚定、更主动，看起来对工作更有兴趣的员工——除了工作的质量，快速反应、积极承诺带来的光圈效应同样重要。

拖延症现在似乎成了一个时髦的词，其中的贬义越来越淡，而越来越成为一种人之常情。很多人宁可承认自己是有意无意地"拖延"，也不太想承认"这事儿我不太熟练""我的技能还有欠缺""我的知识积累还不够"。我们会从本能上回避对我们来说比较难的部分。但如果我们可以尝试逼自己"快速反应"，比如：把一项工作由自己默认的三天周期缩短成一天，特别是将这个新的周期作为一个承诺，告诉领导、客户、编辑等一切需要使用我们工作成果的人，就可能会逼着我们发挥本来隐藏的潜能去找到更好的工作方式，或者能够将心思聚焦于一点，组织所有的能量和资源来完成这项工作。而好的成功经验会激励我们继续走向下一个成功。

有时候"精益求精"会妨碍我们做出快速反应，我们会用比较多的时间去思考"这个目标可行吗？我还需要哪些条件？我需要做得比别人都好！甚至还包括我要比自己上一次做得更好！"。"慢工出细活"和现在特别火的"工匠精神"等词似乎都说明了拿出更好的成果需要耗费更多的时间。首先得说，这不是一个负面的想法，对工作成果和技能的持续优化和提升非常有益。但对于领导和组织来说，可能没有足够的时间和资源来让你在某个单一环节做到最佳,局部的"最佳"甚至反而会降低整个系统的效率。所以微软和苹果等公司从来不是一次推出一个"完美"的作品,而是推出一个不错的产品,然后迭代升级。

曾经听到有人向我抱怨:"部门里的事情总是我做的多,我的某个同事只是从领导那里把任务接下来,然后就分配给我做,最后活儿是我干的,风头是她出的。"我怀疑这很可能不是个例。通常我们将这种状况描述为"会做事不如会做表面功夫的",但我觉得不完全是。无论是快速行动,还是将工作分配出去,都是对自己能力和资源有一定把握的表现。在我看来,这种算是"为自己而积极工作"的一个好典型。领导为什么要不喜欢这种员工呢?

从这个例子引申开去,我想说的是对于"同事会怎么看待我"这种事儿完全不必脑补过度,在现实中无论是做什么,还是不做什么——当然包括什么都不做,都有可能会得罪人。我们跟同事之间的关系在一定程度上是协作,但还有一部分必然是竞争——工作场合并非是用来社交的。而人往往有一种心理,如果你仅仅比我高一点或者我们是同一级别,那么你比我稍微做得好一些,我的第一反应绝不是佩服,而是恐惧你挤掉我的机会或我应得的利益。但如果你比我高出一头,我快马加鞭也一时半会儿追不上了的话,我就会转而佩服你——这种事已经发生在马云、罗永浩以及罗振宇等语录红人的人生里了。当然,往低里说就是,对于我来说,我会与其他人比谁经手的项目多、效果好,但三年五载不会兴起要干掉老板取而代之的冲动。可是"高一头"也总是从"高一点、再高一点"开始的,每个阶段也都会有相应的攀比和争宠之类的问题。只有按规律做事,做对的事,把事做对,才是长期持久之道。

什么是看起来有范儿的职业形象

虽然我不大化妆,但我跟大部分人在这方面的审美却是类似的——裸妆比纯天然好看,也比红唇、假睫毛的大浓妆好看。世上之事大体都是这个样子,连阔如的《江湖丛谈》中有一段谈到,旧社会天桥撂地摔跤的名家直接承认表演的都是假摔,并且说真摔并不好看——俩人都摆出骑马蹲裆式,掐着对方不撒手一耗半天,看客非得睡过去。其实职业形象也是这么回事,不仅是服饰打扮,从外形、语言到行为都得是那个"符合规范期望的美好的你",而不是"那个纯然真实的你",也不是"硬装不是你的你"。

比如银行柜员必须穿统一制服,必须按规定流程办理,说话必须符合一定规范。这让我们基本知道,无论到哪个营业网点,都会得到差不多的服务。对于常规业务办理,我们不用考虑自己是否一定要找到谁才能把事办了。那套制服和规则代表的是银行的形象,而不是谁的自我。

这种形象实际比一般人想的来之不易,需要通过日复一日的"职业化穿着""职业化语言""职业化思考"来养成。估计很多年轻人会有点看不上这些,但我们所谓的"个性"是与生俱来的吗?其实也并不是,同样是受到舆论、环境和经验的影响而形成的。

别让自己成为同事眼中的"奇葩"

随着年轻一代的成长,"上下尊卑"如今是越来越淡薄了,"有能力者上"基本上在企业里算是定论,至于资历、年龄乃至职位,这些所带来的哪怕形式上的尊重都越来越淡薄了。说起来,这也不能算是一件坏事，从我年轻时论资排辈的国企风气到如今对年轻人能力和意志的解放，也一定会带来创造力的发展。但这会带来另一个问题——人与人之间有不同的价值观和沟通模式，到底按谁家的来才能让所有人都觉得顺畅？这就构成了个问题——旧式的礼节是有烦琐无聊虚伪之处，但好处是大家约定俗成，可以在同一个语境下玩，并且也容易互相理解。

不论社会如何变迁，一个成熟的人意味着即使你对这个世界有再多不满意的事与不满意的人，也依然可以与这个世界共处——我指的并非是在真正的大是大非面前把自己的节操撕碎扔掉，而仅仅是在现世安稳的日常可以圆融地处理自己和他人有交集的部分。这就是所谓人的修养。

有些人好说一句话："我这人就是直脾气，所以好得罪人。其实没有坏心。"并觉得这是一种非常委屈的事。我往往并不同情他们，要说起来，天生就憋着坏心黑别人的还是少数，一心一意为人民群众服务的也是少数，既然大家各自为了利益而工作，就不能指望别人天经地义地理解和接受我的特点，更何况这种特点很可能给别人带来不愉快。如果一个同事叫我过去，非得用逗狗的手势招呼我，或者大喊"那谁，来一下"，我是断然不会觉得我需要搭理他的。无论怎样的心意与目的，如果不能以恰当的方式呈现出来，它的价值就会大打折扣。在职场中，礼貌用语恐怕是最起码的（现在大部分年轻人也做得不错），另外对身体距离的把握、不窥探他人在电脑上的工作内容和纸质文件、恰当的语气语调以及身体语言也都很重要。这些要点都好学，难学的是对他人情绪的敏感度。如果对他人的情绪和表达不敏感，对自己的情绪和需求又很敏感，就会成为各种直播贴里被称为"奇葩"的物种。

在职场表现中有一种很微妙的分寸感，首先要意识到并且承认人是感性的，以完全合乎规矩却没有感情的行为对待人是不行的，但任凭自己的感受肆意而为也是不妥当的。亲和力和同理心在我看来是一种宝贵的天赋，不是人人生而具备，但一个成熟的人起码应该学会在大部分情境下正确地解读出他人以及自己的需要，并且在二者之间达成平衡。委屈自己和委屈别人都能在短时间内取得和谐的效果，但长此以往是要出问题的。

这种分寸感也要以对自我价值的准确认知为前提。每次写简历、面试或者向任何人介绍自己，其实都是一个证明自己价值的过程。所以在这些场合，写出来的东西首先代表的是自我认知的思路。请他人帮助修改简历一般来说只能让简历在句式上更规范一些、排版上更美观一些，但对自己价值的理解与表述需要一个人发自内心地去体验。大体上来说，在经验与技术还不够成熟的时候忌讳妄自菲薄，在稍有经验和成绩的时候忌讳心态闭塞及自满。用成长与开放的心态对待自己，会容易发现自己的优点，也更容易吸取别人的优点为自己所用。能够坦然展示自己所长，又能赞赏他人所长；能够清晰认知自己的弱点，又能努力把弱点带来的负面效果降到最低，这样的形象便是光彩照人了。

一个人在职场中非得将自己改造（或者伪装）成自己理想中而非自己真实的面目，是一种很难行得通的做法——一天两天或许可以，但一般都超不过 3 个月。估计这也是大家喜欢把试用期设为 3 个月的下意识原因。但一个人确实可以调整自己的行为，在想发火的时候不是咆哮怒骂；在想吐槽的时候找到合适的地方吐槽，之后继续寻找解决的办法；在丢三落四的粗心天性下，可以就一个文本多检查几次；在自己非常享受独处之余也可以在有需要的时候坦然面对人群……就像裸妆不是改变脸部和身体的结构,而是将我们原本的面容修饰出最好的那一面。

虽然这种修养可以从外部来学习,却只能通过自己发自内心地接受和领会,才能最终成为自己的一部分,真正体现在自己的举手投足之间。所以一个人可以偷懒也可以疲惫,更可以迷茫和偶尔的消极,但如果想真正成为更好的自己,那么对于自己内在和外在的修养要长期持续培养。此事没有简单的教程,而且我认为也不存在单独针对某一项目的自我提升,所谓"居移气,养移体",人还得先尽可能地提升自己,然后寻找到与更好的自己匹配的环境,在这个过程中一点点将自己提升到最好的样子。从这一点来说,我们在人生路上也会发现,曾经喜欢过的东西后来不喜欢了,曾经能够相处融洽的人后来不能了,曾经觉得快乐的事情后来也不能使我们快乐了。成长,也是不容易的事情呢。

新员工最需要学习的几个方面

1. 工作场合并不是用来社交的

很多年轻人都很在意"我怎样才能搞好跟同事的关系"这种事,一些职场新人会觉得公司里人情冷漠,但成熟一些的老员工就会说:"在工作中大家过得去就行,下班一起吃吃喝喝聊闲天尚可,但更深的交情甚至交心还是不要指望了。"这种冷漠的观点是一代又一代人亲身血泪的沉积,同事之间多少存在一些竞争关系,规范公司的表现之一就是大家按规矩办事而不是按交情和感情办事。该用理智的时候用了情感,会在很多问题上纠结迷茫。无论如何,来公司办事的第一目的是工作成果让领导满意,让公司满意。

也不能小看"面子上过得去"这个标准，实际中经常会发生"我觉得我没毛病啊"，但不知不觉得罪了所有人的事。比如上来就没把别人当"外人"，没轻没重地说话、什么话题都敢接、说不恰当的笑话、随意打断别人的表达、随意评论或者批判别人、工作细节反复出错、没有意识到别人有意无意的帮助以及在办公室里发出奇怪的声音和气味……能够意识到自己的行为会令他人有什么反应简直是一种高级技能。要做好这一点，与其反复揣测，更重要的是注意人和人之间的距离感以及有意识地注意别人的工作习惯，而不是把一切看起来的和谐当作理所应当。

2. 注意言谈举止得体

职业形象所需要的言谈举止比较接近中庸的要求：礼貌诚恳，不过不失，思路清晰，言辞准确，特别是在涉及人的时候不要有意无意地给人挖坑设埋伏。忌浮夸油滑、忌畏畏缩缩、忌扎堆八卦、忌生硬蛮横。

这其中最不容易自我察觉的是"挖坑设埋伏"，大致可以用这样一个例子来理解：我有一张表不会做，于是求助同事某甲，某甲帮我做的时候出现了一个错处，我也没检查就交了上去。被批评的时候我说"这表是某甲做的"。就这一句，某甲就被彻底得罪了，而我也没撇清自己的责任。某甲帮我是善意，就算出错，但承担工作的是我，没检查出来错不能赖别人，首要承担责任的应该是自己，把某甲扯下水既没有意义，更得罪人，还让其他人看着寒心。

还可以举另一个例子：我想知道领导今年给我的考核成绩如何，本来我可以选择直接问领导，但我却对着领导助理旁敲侧击。如果交情够好，这事儿也没啥，但凡交情差上一点，这种行为就会让人觉得我拿人当枪使，不知道我居心何在。而交情好不好这个界限，有时候并不是那么清晰。

3. 女生更要果断大气

相对来说，我觉得大部分女生比男生较少提到自己的成就或者渲染自己的理想；一谈起自己，就忍不住贬低自己，"这种事情我一直做不好""我在那个问题上也犯过错误"……这些话，似乎也是女生比男生说得多。虽然自黑算是一种耍宝的艺术形式，在某些场合可以变成一个好段子博得满场欢声笑语，但如果在工作中一个人对自己的评价一直是这样的话，给旁观者带来的感受不是"我需要爱护他"，而是"他让人感觉好累"。

我第一份工作的领导说我"接电话的声音太冷淡，一点儿也不招客户喜欢"，还有一位领导曾经批判我"你太文静，我们希望你更泼辣一点，可能才会适合跟客户打交道"。直至今日我已经充分胜任与客户沟通和授课的工作，包括在网络上讲述我的经验和理念、坚定地相信自己可以为他人提供价值，此时再回首往事，觉得我当年被批判的并不是声音，也不是气质，而是那种表现出来的"畏缩感"——这种畏缩感让我在很多年里不知道该怎么让客户满意，也不敢在公司的会议上发言，对于自己的想法很多时候也不知道该不该去捍卫。现在想来，这样没有力量感和价值感的人，确实很难让领导满意，更不要说重视了。

以己度人，我相信像当年的我那样的人应该不少——也许性格内向，有很多想法，但又怕实施起来甚至是提出来会让别人感觉不好；被人批判的时候也会先想到"也许真的是我不好"；看到别人总觉得比自己优秀很多，而不知道怎么能够拉近彼此的距离；为了避免被贬损，索性先贬损自己……当我看到这种人，还是会心疼，就像心疼年轻时候的自己。如果可以，如果想改变，我觉得还是要从当下开始，先停止说那些自黑的话，停止说"男人如何如何，女人如何如何"，一点点展示出自己的力量——女性表达的力量也可以是从正面直接，而非自黑中的畏缩、尖刻中的夸张以及假意含笑的嘲讽中来。

一般认为女性比男性更擅长沟通和语言表达，但从工作实际来看，这种能力大部分时候被用于关系的润滑，而非力量和权威的展示与士气的鼓舞，女性更容易被定位成"协助者与实施者"，而不是"领导者与计划者"。从我个人的经验来看，一家公司的副总里如果有男性也有女性——一般来说只有一位女性，女性副总往往有一个最主要的特点就是"把公司当作自己的家一样忠诚和操心"，专业上则不如男性副总精通。

在这个问题上看，如果你问我："职场中真的存在性别歧视吗？"我认为是存在的，但在很多男性看来是不存在的，或者即使存在也没什么，甚而认为虽然可能存在但并不失为对女性的保护。但我认为职场中的性别歧视和"学历歧视""身高歧视"乃至"户籍歧视"一样，是一种优势者对于弱势者天然的排斥。

我在招聘的时候也会问女性应聘者"你有男朋友吗？最近考虑结婚/生育问题吗？"之类的问题。这其实是考虑到这份工作需要长期出差以及在长期的压力下工作，特别是女生由于生育会带来的职业连续性问题。但如果一位女性求职者的专业好到让人觉得"即使用一个月也能带来很好的价值"，那么上面这些问题就不是问题，并且如果一位男性求职者因为家庭和个人生活因素而放弃更高的职位和更多的工作、不想出差或者表现得过于敏感，多半也会被放入歧视序列中。

歧视是不对的，但群体观念的扭转需要时间、需要工作大环境的变化（智力因素在工作中重要程度的提升以及体力因素的下降）、家庭观念的变化（夫妻共同担当家庭抚育责任），甚至社会化大分工的进一步发展（家务劳动的社会化），同时也需要个人不懈地努力。如果一个女生选择顺从现状,也不是不能理解。在我看来,女性会有一种天性与自我实现需求的矛盾——作为一个女人,本能地渴望仰视男性,以及被男性保护、关怀甚至征服;但作为一个受过良好教育的人,又渴望自我价值能够在工作中得到充分体现。但我绝对更加支持不断突破自己和环境的局限,变得更好,成为自己理想中的人,这一点上不分男女。

将大目标分解成可以具体执行的小目标

当领导把我叫过去说"某某客户,你来跟一下"时,如果是早年的我,可能会木呆呆地说"是",然后就回到自己的座位上去。而现在我会迅速地告诉领导:"我马上给他们打电话,约见面的时间;见面之前我需要准备一个提纲,这个提纲之前有差不多的可以借鉴,我两小时之内改完请您过目;这次约见的目的是了解情况,出建议书,并要求对方安排时间在负责人到场的情况下做宣讲……"还用解释吗?领导肯定喜欢后面这个说法,这说法显得我态度好、对怎么办事心里有底并且有执行力,由此也更能放心一点。

领导各有不同的风格,有些指示详细,有些指示简单,有些只看结果,有些管头管脚,但不论是什么领导,都会经历任务分解的过程——全年的任务要分解到月来完成,月度任务要分解到周和天来完成。所以具体到我们的工作也是一个道理。坦率地说,有时候真的会发现自己不会分解某个目标——这意味着我对这项工作也心里没底,如果碰到这样的情况,要赶紧想办法争取帮助才是。

另外写工作计划也好,做工作汇报也好,并不是可以随心所欲的事情。"我明白得很,不要你管",这种态度对待同事和领导是没有办法建立起信任的。大多数人宁可和一个工作凑合过得去但行为可以预料的人共事,也不想跟一个能力很强但随意性也很强(俗称不靠谱)的人共事。

经验与技能的提升路径

Lesson 4

▌ 良好的工作分析能力比"悟性"更重要

大体上来看,职场还是一个看能力的地方。能力的一部分是工作前的行为习惯、意识、教育背景带来的;另一部分则来自于工作之后有意识地积累良好的工作习惯以及处理问题的经验和技能。随着年岁渐长,我越来越意识到,无论在什么工作岗位、呈现出来的工作结果有多大区别,工作效率比较高的人确实是有一套比较好的思维方式的。

每年做公司经营目标的时候,比较严谨的公司会有一个相对清晰的目标分解过程。这个过程就是从工作目标出发,分解出保障工作目标的几项重点工作,然后细化出所需的资源及行动计划。对个人来说也是一样,如果清晰地知道自己为什么工作、要达到什么标准以及要达成目标重点需要做的事情,即使由于分工问题造成工作内容比较多或者复杂,也大致能做到按轻重缓急妥当安排。

这也许不是唯一能做好工作的方法,但这种方法是最适合入门时候学习并且使用的方法。作为普通人来说,靠灵机一动很难成功,靠漫长无目的的学习之后厚积薄发又太慢。而工作之后,具体问题可以请教别人,但如果一开始就能具备纲举目张的全局观及平衡感,这些技巧将更容易帮助一个人在职场上脱颖而出。而反过来,有些人在一些技能上颇为不错,比如会修电脑和做精致的文本,最后却仅仅成了大家修电脑和润色文本时候寻找的人,无法进一步将自己的才智应用到更广泛的工作上,这往往是对工作缺少全局观造成的,非常可惜。

这种方法同样适用于管理人员和培养下属。一般来说，达到部门经理级别的管理人员需要对下属的工作内容和工作形式，以及相互之间的工作配合关系进行设计。如果你手下有3个人，那么可以让3个人各自负责相对独立的工作，或者按事前事中事后这样的流程来进行分割与分配，或者给其中一个人更多的责任，让另外两人做辅助性工作。不同的设计方式意味着管理者对人与工作的不同理解以及评价方式。

在日常管理工作中，如果你给员工定的标准过于细碎具体，就会发现他们交出来的成果远不如你的期望，而且长时间内也不会有明显成长。如果只规定员工今天要打40个电话，那么明天他交出来的工作结果很可能只是"40个电话打完了，其中30个没有人接听，5个拒绝，另外5个发送了传真"，然后领导需要分析这样的成绩说明了什么以及接下来怎么办——长期下去，管理人员就变成像保姆一样代替员工去思考，而员工则越来越不主动承担职责以及思考。

如果管理人员需要的是一个员工一个月能开发出10家新客户，那么他就需要引导员工制订出自己的行动计划，比如收集多少客户信息、打多少个陌生拜访电话、什么时候适宜上门拜访以及这个过程中应该准备什么资料、说什么话。这种引导只是概述还是具体到行动指引，需要领导对于员工的个人特质有所把握。但无论如何，领导不能代替员工去做行动计划、行动方案，对于员工所有问题都直接回答或者索性带着员工把活儿都干了。现实中也确实有很多员工对领导"管得太细"怨声载道，最后感觉窒息而离职。

反过来作为员工，即使领导管得很细，即使领导的工作风格和我们不同，勤于思考"客户到底需要什么""这件事有没有更好的处理方式"乃至于对自己的工作不断复盘也是有帮助的。不仅仅要从自己的分工来思考，也要从完成工作的整体来思考。这种思考的结果其实并不一定非常准确,也不适宜随随便便就用自己思考的结果来判定"换我来干没准干得更好",因为往往有一些隐含信息或者是限制条件,不在那个位置上是不了解的。但形成独立思考的习惯仍然是很好的。

无论作为员工还是管理人员,都要意识到的一点是,我们是应当善待自己或者员工,但并不意味着要包容自己或者员工的一切行为。对于自己以及员工,无论是追求自由的心灵,还是追求合理的工作待遇,底线还是有能力把自己应该做的事情做好。对于自己不喜欢的事情固然可以回避,或者根据自己的长处去寻找更合适的工作,但对大多数人来说,实实在在的困扰是自己并没有明显的长处。解决这点也的确没有捷径,要么一直安于相对简单的技能和经验,要么从最基础的工作方法学起,让自己成为一个有能力不断接受新技能和新挑战的人。有了最初的方法之后,大约可以尝到一些进步的甜头,从而在接下来的进阶中多一些信心和资源。

一个人在工作中需要尊严,同时工作也是一个人能获得尊严的某种实实在在的方式。所以不要轻视工作,也无须仰视那些看起来神秘的工作内容,那都是可以学得来的东西。一个人是否能成为打工皇帝或者商界大亨,跟命运有关,但如果只是把一件工作做好,首先要得法,其次敬业,这就足矣。

且行且总结

大部分人在工作的时候都对要交计划、总结和报告感到烦恼,一方面是因为写起来总归要费点事,另一方面则是不免让人有被领导监视工作的感觉。其实如果能够静下心来为自己写一下,连续写一个月之后再回头看看,就会发现自己的成长和重复发生的问题。如果知道自己一直在前进,也会激发出自己"要更好"的斗志。

如果你也做过面试官,特别是对于社招的中低级职位,可能你就会跟我有同样的感觉——来面试的人大多数看起来差别并不是很大,大部分人留下的印象是:"如果实在没人的话也能凑合用,但我还想看看有没有更好的。"到了最后就会变成,如果急于用人的话,就挑一个学历经验比较匹配的人(有时候还包括长得比较好看这种因素)。一个人能够在应聘的环节中展现出积极的工作心态,用良好的方式表达出自己的优势所在,其实是非常重要的。正如所有良好的结果都来自精心的设计一样,如果要让自己在人群中脱颖而出,首先要明白自己的优势与能力所在,而总结与反省以及日日记录的过程,可以让自己清晰地见证自己的成长。

在职场中学习

准备进入职场和刚进入职场时间不是太长的年轻人经常会表达一个愿望——"我要在工作/公司里学到点什么",并且在觉得"我已经学不到东西了"的时候就会想换一份工作。更有许多人出于职业的需要或者对于未来的职业准备会去进修和考证。这种进取之心是很好的,但在职场里"学什么"仍然是一个比较值得讨论的问题。

相对来说,专业岗位需要学习什么专业知识是很清晰的,比如立志往企业人力资源管理方向发展的话,就需要熟悉当地社保政策、学习人力资源管理的一系列工具如何应用,进而了解更深的各流派管理理论和企业的工作流程和行业动态等;心理学和财务知识的学习可以更加完善知识体系。这是一个比较理想化的学习路径,但现实中很多小企业对人力资源还停留在比较基础的层面上,只需要一个人来完成算工资、跑社保和招聘这几项工作。在这种情况下工作一段时间之后就会出现三种可能性：第一是导致"我不知道还能学点什么"从而陷入停滞；或者是"我需要更大的平台来实践我所学的东西"从而跳槽；更普遍的可能则是因为"我向往的大平台看不上我当前的实践经验水平"的瓶颈而困扰。

对此，有一些解决方法：

1. 培养职业化素养

我们解决这种瓶颈困扰的思路往往是"去考一个证会不会好点？"——考证当然会有一些帮助，但我觉得更能打动人的是"职业化"素养的部分。如果有足够好的职业化素养，就会让企业觉得"即使不是很熟悉也应该很快能进入工作状态"，会觉得"看起来做事很规范，让人放心"。

所谓职业化素养其实也不外乎以下几点：能够清晰地认识到自己的工作目标；能够发现和分析需要达到目标所面临的问题；能够为解决问题有效地组织和协调资源；能够形成完成工作目标的有效方案；能够依照计划完成工作；还有一点很重要，就是需要很好地保持跟领导和团队的信息沟通。举例来说，一个好的招聘人员不仅是每天打开邮箱看看有多少简历投了过来然后开始筛选面试。当然，为了完成招聘计划很辛苦地工作也很重要，但懂得招聘工作最主要的几个影响效率的环节在哪里也同样重要——比如招聘渠道的选择；比如选拔方式上是否需要笔试和测评环节；比如如何与用人部门充分沟通好招聘需求等。很多时候只要思路是合理的，那么即使实践经验不是那么充分，也可以充分让人信任此人有能力胜任这项工作。说起来很多人做不到，其实只是难在"用心"二字上了。

从我大学毕业的那个年代起，舆论对于大学生"眼高手低"的批判就没停过，甚至连说辞也没太大变化过。我倒是觉得这个问题并不出在大学的培养水平或者大学生的素质问题上。从测评软件公司得来的反馈是，从大数据来看，年轻人的素质在上升。而那些为迎合市场而设立的专业，比如"市场营销"或者"电子商务"在我看来反而导致更坏的泡沫化结果，基本上大多数单位还是能接受"大学主要培养的是人的能力素质而非为专业对口而专业对口"这一点的。问题出在两个方面：一方面，社会没有提供那么多需要"大学生"做的岗位；另一方面，竞争激烈的市场带来了企业人才培养周期不足的问题。

结构性失业这个问题，从整体市场上看会在相当时间内无解，即使月嫂或者铺木地板的技术工人一个月能挣个六七千，我相信现阶段也少有受过高等教育的人会去做，其原因并不完全是眼高手低，而是这种工作完全无须学历背景，要求的也更多是沟通能力、耐性、体力甚至是身体协调性。所以如果大学生去做，他所受的教育不会带来太多优势，而这种工作要求的能力素质大学生也不一定具备。作为个体，在市场上面对"合适的工作"时我们只能效仿那个遇熊的梗："我不需要比熊跑得快，我只要比你跑得快就行了。"这很残酷，也很无奈。

在成长周期问题上，我始终觉得一个人在刚进入企业的时候，最初学的不是具体工作技能，而是了解社会、接受企业文化、从内心完成从学生到职业人的角色转变。先不说旧社会当个学徒得"三年零一节"，现在有些国企还保留着"见习一年然后定岗"的传统做法。在环境里泡着慢慢融入了，包括工作方法和工作习惯也就一点点养成了。

但从我实际得到的反馈上来看，无论是企业还是职员，都希望熟练和成功来得越快越好，于是只好大家一起浮躁了。特别是新兴的互联网行业，最老的从业人员其实也还是年轻人，在这样快速成长的行业里，谁还想要"板凳要坐十年冷，文章不写一句空"？只是人生是一场长程的耐力赛，近十年来，我已经看到本行业的一代前辈被拍到沙滩上了，并时刻惶恐自己能撑多久。我也见过年轻时就得志，但离开相应平台之后便不再能延续辉煌的例子，不但是技能，企业甚至行业都会有被淘汰的可能，能让我们撑到最后的，也许就是一路上沉淀下来的方法论和职业化水平了。

2. 怎么学

在我听到所有关于工作的理解里，我非常不能欣赏的一种就是"我希望能学到东西"。当然这肯定是一件会发生在我们职业生涯中的事情，但如果我听到有人如此评论他的工作的时候，我会默默地想："这话可不要让雇主听到啊。"资本家雇主在这个问题上是矛盾的，一方面他当然喜欢要一个聪明有头脑还不断成长的人；但另一方面，他又希望这个人能够恰好符合他的需求模式，能够干他希望干的工作就可以了，毕竟能力超出几分，管理起来就要复杂几分；还有一个因素是，工作的意义首先是资本家投入资本，劳动者投入自己的体力、智力去合作产出一个在市场上有价值的结果，而在职场中的个人学习最大的受益人是劳动者本人，这给资本家一种"我被反剥削了"的触痛感。所以"学习"这个词儿在职场中的地位着实是很微妙的。

毋庸置疑，一个学生从进入工作到一路成长的职业生涯过程中，学习伴随始终。如果有一天，有人觉得"这世上没有什么新鲜东西值得我关注了"，基本上就是走下坡路的征兆——一个人能够抱有好奇心和学习力，是脑力和精力都还够用的表现；如果没了，那么就是真的老了。这个与客观年龄有关，因为确实有"人过三十不学艺"的说法，但又不绝对相关，还是要尽可能地为自我而学习，直到穷尽自己的潜力。

在职学习是一件辛苦的事情，而成年人的学习又有自己的规律，在企业培训中，我们有一个基础原则："从工作需要出发，用什么学什么,缺什么补什么。"从教学法上来说,成年人的学习一定是:"从现有经验出发导入新知识与技能,教学内容需要能从逻辑上理解、用交互式以及参与式的形式来完成学习,并且要用承诺带来学习的延续。"这个角度同样也可以供每个人自己学习时参照使用。

  对个人学习来说,在职业生涯的初期,一定是以岗位学习为主。再多的理论学习也无法弥补与平衡一个人在工作实践中需要的"经验"。这种经验既包括对人的,也包括理事的。把自己做的工作本身吃透就需要时间,这不光是专业知识和技能问题,有些经验和技能,比如贴发票、写文件、会议管理以及跑各外部部门办事,虽然说不上做好了能带来多少直接好处,而做得一般也能凑合干下去,但做得精通与做得普通之间可能差的就是几个关键的机会。"做一行爱一行"可能过于理想化,但做一件事就应该对得起自己所消耗的时间和精力。

  个人学习一定要意识到的一点就是,我们的精力是很有限的,成年人的学习必须从学习结果反过来审视我们学习的内容与意义。比如司考、CPA,这都是相对较难的考试,也是强制性的从业资格证书,如果准备拿下,必须准备非常充分的学习时间以及相应成本。如果只是为了跨行业跳槽,则必须清晰考虑到,有证和真正执业、执业和真正发财之间的距离是否能迈过去。否则学到中间心灰意冷半途而废,则又添一层伤痛。如果学成而不能致用,也是很快就会忘记的。

  人生不是为了学习而活着,但学习能让我们活得更好。学吧,学习是对自己的投资。

  在网上看他人的经验分享,我确实看到很多尚未毕业的学生觉得很多事情是理所应当的,比如在上海应该很容易工作五六年以后就月薪过万之类——这当然是有可能的,甚至在某些行业、某些岗位刚工作就过万都是有可能的,唯一只有一个问题:"为什么是你?"北上广深这样的城市,并不乏高薪和机会,但大量的人,不论是本地人或外地人,也不过是挣几千的薪水过并不宽裕的生活。你真的可以成为这个城市里为数不多的赢家之一吗?为什么?这个问题回答不好,便会误了自己的人生,或长或短。

像我这样的普通人,只是为了普通的生活就已经需要竭尽全力,我所谓的成功也不过是向自己所追求目标近了一点又一点。我相信大部分人不是没有上进心,只是往往还没开始就被"成功应当如何"的最高纲领吓到了,不知道该如何建立最贴近自己的最低目标。

与其把"进步"看作如此辛苦的事情,倒不如抱着"做一点就比自己之前强一点"的从容心态,去做一点,再多做一点,到了一定程度之后,就可以体会到自己在作品中主导和发挥的乐趣,不管是专业工作还是弹琴、绘画、书法、运动这些爱好,那时候无论是拓展还是精深,都更容易自觉自发地去做了。

3. 向谁学

职场中的学习有一个著名但出处不太明确的"721"法则。意思是有70%的学习是在本岗位上完成的,20%是在与同事交流中学习到的,另外10%才是通过培训机构、书籍等这些方式学习到的。从实践来看,基本上也就是这个道理。由此引申出来我们要在工作中学习的话怎么学、向谁学。

报班考证这种就不多说了,与其说是一种学习,更类似一种"投资"。虽说投资到自己身上不浪费,但既然是投资就要关注"投资回报率",盲目地考了很多证,如果不能及时应用的话,很快学到的东西也会忘记,长期下去就是对精力投入的浪费。这种学习方式的好处是立竿见影,不好之处则在于这样学来的东西应用到实践中还有一个转化过程,有这个转化的机会和意识也很重要。

向同事和领导学习也是一个途径,但这没有看起来那么容易,因为每个人的行为表现下面都隐藏着不同的价值观导向、人生阅历,如果不了解这个就盲目学,不一定学得到位,如果因此而把自己原来的长处也抹杀了就更可惜。比如有些并不太善于表达的人,有时候为了拉近和别人的距离而强行学那种嘻嘻哈哈的范儿,会让人觉得十分怪异,反倒不如依照自己原有的风格让人觉得踏实。如果要学,不仅仅要看别人一两件事的处理方式,更要关注他做事的逻辑和道理。如果看不到规律,就无法准确地判断在什么情况下可以移植这个做法,什么情况下不行。

　　向领导和同事学习可以观察揣摩,也可以在日常交流中有意识地探讨一些例子。"贴身学"其实是一个很有效的办法,但能做到的人不多。比如和老员工一起工作的时候,仔细观察他在什么问题上是怎么处理的、得到了什么结果,然后学习其中有效的部分。这个需要有强大的内心来长时间观察和放下自己的成见。

　　向别人学,最忌讳的是上来就问一个特别大或者指向不太明确的问题,比如"怎么做才能让某领导喜欢我",要解释清楚这么一个问题太复杂,实在是没人能做到。

　　另一个糟糕的习惯就是伸手党,只想要立刻见效的方案。其实仔细想想就会发现,直接看答案和自己推演过得到的答案相比,很显然是后者记得牢,用得顺手。而且在工作中略微有点资历的人都不会轻易把有价值的东西白白拱手给人。

　　最能让人学习出效果的应该还是"现地现物"和"自我反省"的丰田原则。自我反省很好懂,就是对自己做过的事情及时总结和复盘。虽然"现地现物"最适合运用在精益生产的过程中,强调管理人员参与现场管理的原则,但用于一般人的工作中也是可行的,可以理解为在"应用场景"之下不断发现并解决问题的过程。比如做人力资源的不了解各部门实际业务情况以及部门负责人的工作特点，大概招聘的时候就只能被动地去做，或许还不落好；比如做财务的不能深入了解分析部门的费用和收入情况，那么多半只能停留在记账之类的基础工作中，无法参与到管理中去。做专业人士和职能岗位更不能因为具体业务部门的很多工作跟自己没有关系就躲得远远的，生怕添了麻烦。无论是管理工作还是专业工作，都要意识到自己的工作是无法产生最终产品的，也意味着自己工作的价值只能通过一线去创造，因此去理解内部和外部客户应用的场景才能让自己的工作更见效果。所谓经验和感觉，就是通过在这个过程中解决一个又一个问题来获得的。

Lesson 5　以目标为导向运营自己的工作

▪ 工作可以是快乐的，但不是以快乐为导向的

"人工作是为了快乐吗？"这个问题我跟很多人探讨过，但很惊讶地发现，很多人认为"是的"，但同时他们又觉得"我现在的工作没有让我感觉快乐"。对快乐的追求大概是一种不可违逆的天性，可以为了少许快乐便极大地投入时间、精力、各种行动乃至金钱。

可是对于我来说，这个问题有点矛盾：我能接受的工作本身一定存在着有挑战性和成就感的一部分，但无论什么工作，大部分时候都是充满枯燥和令人烦躁的细节的。如果工作是为了快乐，那么如何能忍过那些不快乐的方面？当然，如果我们会持续从事某项工作，那其中总有一些因素是我们喜欢的，如果这种喜欢能胜过那些令我们困扰的部分，比如喜欢的部分大概能占70%，这就是一份好工作。

工作首先是保障自己有生活下去的收入，原则上说只要员工上了一天班就应该得到一天的薪酬，然而这并不意味着一份工作必须能提供我们期望中的"理想的生活""个人成长空间"以及"成就感"。工作不仅仅是一种获得的过程，更多时候是付出和争取的过程。成就感是"这件事我干得太漂亮了"的标志，无须外求，也不见得只有做大事才能获取。

在职场里，作为领导比较痛苦的事情之一就是当出现一件有点难的工作时，环视左右，所有的下属都默默把表面积缩到最小，压缩存在感，纷纷表示鄙人才能不足不堪大任云云。"这不能那不能，那么

请你们来的价值是什么呢？"领导一定会以这样的心情无语问苍天。然后就是强行地分配下去，其实有可能也就完成了。这也是有些时候大胆吹嘘的人能够在职场上混得挺好的原因。至少在一开始领导会觉得此人既然敢说，大约心里多少是有点底气的，诚然是勇于为领导分忧。

说白了，从员工到企业，在岗位上持续地干下去也好，升职加薪也好，总要能体现出自己的价值。只要能提供的工作价值够了，有点私心人家也都能包容；再怎么说，做事的标准就在那里，谁不是苦读十几年还得咬着牙做实事之后才能为自己挣下一片能稍微自我发挥的天地。倘若自己就先往一边柔弱地歪倒，梨花带雨地说："臣妾做不到啊，求怜惜！"那简直就是对苦干者的剥削，被踢到沟渠里只能是一种必然。就算有爹可拼，最后大概也只能变成"坑爹"了……

多年来各种说法已经把职场经验变成一种很奇怪的东西——鼓励圆滑、阴招、各种功利心和玩人的技术。其实真实的职场并没有这么复杂，大多数不过正常人心思。总体来说还是"诚恳、坚定、明理、有追求"能够帮人走得更远。体谅人心与揣摩人心，敬业乐业和被人利用之间还是有很清晰的界限的。特别是在很年轻的时候，算计得太重，揣摩得太多，不是一件好事。

看看职场的书和文章自然是可以的，但为了自己好还得注意辩证思考，但凡作者写书，一定是有一些功利心的，语不惊人死不休的部分往往是市场策略（对，我也是一样）；另一方面是作者有自己的经历局限，比如我肯定写不出来霸道总裁和邪魅局长的奋斗之路以及成功之道，最多只能说到中层。自己没干过实际岗位和事务而开启上帝视角的，那叫"架空小说"。

要出活儿，更要让领导看在眼里

前一阵老板和新员工聊天，谈起曾经有次周末办公室没电了，下一个工作日时所有人都在外地而无法去物业购电，我为了保证领导在端午节能用办公室而去淘宝了一个跑腿服务把电给买了的故事。当时我真是非常感动，确实没想到老板对此事印象这么好。老板倒是把这笔费用还我了，也没着重说个谢谢什么的，我也觉得此事极小，并不值得费心记着。后来想了想，这事儿大概就属于所谓"眼力见儿"的范畴，倒不说干的事多大多小，就是关键时刻急领导所急，想领导所想，不让领导费心就把领导想要的结果给办出来了。只要有这么几次，就能从众人中脱颖而出让领导赏识。

我就属于早年没啥眼力见儿的人，大概是因为穷家养娇子，小时候双亲觉得搞好学习就可以，家里的事儿既不让我管，也不需要让我关注或者知道。结果还没到进社会，上了大学之后就被舍友各种看不上。大概我最早的一两个领导都有一种"这人太笨、实在不知如何教起"的感觉吧。后来也就是慢慢被社会糊脸糊多了，也知道了如果不能关注别人的需求，自己也不会过得太好，就这样慢慢练了出来。

有眼力见儿并不是要当被人甩杂活儿的"包子"，从动机上来说，就不能是为了"取悦他人"。从"取悦他人"这个动机出发做来的行为，对于普通人来说无法持久，一旦目的达到或者觉得达不到了，肯定就会放弃；对于能持续"放弃自我，取悦他人"的人来说，我觉得这是一种心理误区，需要调整。

在工作中"有眼力见儿"首先是要清晰地意识到自己做事是要结果导向的。以买电这个故事为例，当时我的动机并不是"我得让老板高兴"，而是"不能耽误正事"——一旦我认为这个结果是必然要完成的，我就能围绕这个结果想各种办法：这事儿能不能通过转账来完成？朋友里有没有能帮我跑一趟的？除了朋友谁还能干这个？最后比较了一下，还是找上了淘宝。说到最后，大部分事不是说多难，而在于有没有花心思一定要去解决。

而一个人能够在企业里发挥的作用，说到底仍然是"出活儿"，也就是拿出对他人有价值的结果来，而不仅仅是把事做了。这个他人，有可能是客户，有可能是领导，也有可能是关联部门和工作合作的同事。举一个最简单的例子，我请人帮忙安排车辆，表示需要赶下午5点到某机场的飞机。所谓"出活儿"就是我提出请求后，对方就安排，并且在安排时充分考虑到我办理登机手续需要的底线时间，根据这段路程可能发生的问题而留出时间余量。安排完后告知我安排的什么车、几点到哪里来接我，如果届时我没看到车，我应该联系司机还是联系谁，联系方式是什么。虽然说来复杂，但对于做习惯的人，这只不过是做惯、做顺手的一件事。

建立自己高效的工作习惯

职场上有三种比较典型的被动工作方式：拖延症、低效率的忙碌以及不合理的精力分配。

"懒癌"和"拖延症"现在说起来都有一种"萌萌哒"的感觉了，但不管怎么说，在最后期限之前赶活儿的人都知道那种紧绷的感觉，虽然在这种紧张下完成工作的动力和效率都能提高不少，赶在最后时限之前努力完成甚至还可以带来成就感，但长期来说，这未必不是压力的一个来源，并且这种不留余裕的做法未尝没有产生疏失的风险。

职场上另一种很有代表性的表现是低效率的忙碌，看似一整天完全没闲着,但拿出的工作成果总是不尽如人意,长久下来自己也并没有感觉到成长。有时候这个问题是由于工作中包含大量重复性指令,有时候是因为公司的固有缺陷,但的确有些低效率忙碌来自于我们自身工作方式的缺陷,比如:轻视事前准备带来的事中忙乱、工作质量不高带来的多次返工。如果经历过就知道,返工比新做更消耗精力,出错之后的弥补比一次做好的成本要高出许多。

不合理精力分配的最大表现就是晚上睡不着,上班时精神不好,特别是下午饭后犯困,然后晚上回到家开始看视频、玩游戏后又兴奋起来,于是又睡不着。一般来说工作不紧张、压力不大的时候这样尚能维持,但越是工作压力大的时候越要保持生活有规律,有足够的休息时间,从而保证体力和精力的延续。

因此不管我们是哪种性格的工作者,也不管我们偏好哪种工作方式,有一些基本原则是不可改变的。如果只看条目,会觉得"做事需要这么麻烦吗?"但当这些形成习惯之后会发现,很多步骤可以很快完成,并且由于很多资讯来自积累和经验,也不需要花很长时间来收集和判断。

建议的工作方式包括:

1. 用纸笔做工作计划,完成一条划去一条;用太复杂的方式做工作计划,做完之后反而会松懈;

2. 如果不知道自己时间都用在哪里了,不妨在工作中连续一周记录自己每一项工作的起止时间;

3. 事前准备更重要,特别是在需要配合的工作中,需要的时间和资源、关键节点的确定以及各方的工作方式都要提前设计,甚至测试和演练;

4. 如果有事情需要汇报和沟通,早比迟好,不管是好消息还是坏消息,汇报和沟通之后，责任就不仅仅在自己头上了；

5. 工作，特别是涉及配合和流转的工作一定要形成记录，既不给自己留下说不清的隐患，又能把事情交代得更清楚；

6. 沟通一定要选择尽可能直接的方式，能面谈的就不要电话、QQ、微信、短信之类的，特别是在线沟通因为没有语气、语调和肢体语言，造成误解的可能性最大；

7. 把重要的事情分配在一天精力最好的时间做，累的时候运动比游戏更能放松身心。

有效呈现工作结果

事前沟通比开干更重要

工作中最痛苦的事情之一就是"我觉得我工作没问题，但为什么别人不认可我？"另一种痛苦则是"我意识到自己有一些问题，但不知道怎么改，而且别人提的意见似乎都不在自己的谱上，听了只是徒生闷气"。还有一种苦闷的事情叫作"我的努力你永远不懂"，具体的表现是，员工觉得自己非常辛苦，呕心沥血地做了工作，但换来的是领导的不认可与同事的冷嘲热讽甚至扎小刀——顿时感觉太累，甚至有些绝望。这个"罗生门"故事在我的整个职业生涯循环往复地发生着，有时候我是这个倒霉员工，有时候我是那个倒霉领导，有时候我是那个倒霉扎刀坏同事，有时候，我只是一个听者。

这往往是对于知识员工来说才会发生的问题，对于计件工人，绝大部分工作只要严格依照作业指导书以及上级领导的安排指示就可以了，但对于知识员工和管理者来说，再详尽的作业指导书也无法解决这种多发性双向痛苦。因为知识工作者的工作结果评价是有难度的，有些工作是间接产生效益的，很多时候结果的影响需要一段时间才能显现。而更多时候，无论是谁，都无法不带感情色彩地看待这些工作结果。特别是专业岗位的同志，比如人力、财务、产品、运营等，往往觉得自己满腔报效公司的志向，也有各种专业方法，但领导这种傻乎乎的生物却完全不懂还企图瞎指挥。

成长路径不同往往让大家各有各的看法和擅长的工具，但没有什么工具是能解决一切问题的，所以要想做到让所有人都尊重服从几乎是一个不可能完成的任务。我们都很难真正了解同事和领导的成长过程，以及其在办公室工作表现背后所做过的努力，有些工作理念很难说谁比谁更对，所以在工作中大家都不免要为着自己的理念和话语权争斗一番。大部分人会觉得这是人际关系的倾轧，其实不完全是。

时间久了之后，对我来说最好的解决办法就是"把讨论放在前头"，最终方案定下来之前，先把涉及的所有维度、限制条件以及其他条条框框放在桌面上跟所有成员谈，会议室关着吵也行、打也行，先整出个大家都差不多认同的大框架，然后大家都按照进度表开练。先这样沟通好，每个人交出的不同部分工作就很可能无法完整地统出一个终稿——每个人做不同部分的时候，往往觉得自己这部分最重要，别人做的部分应当配合自己使用，这样每个人做出的东西放在一起可能勾稽关系对不上，那就没法用了。对于一个部门、一个企业，这种沟通问题的复杂程度就会以几何倍数上升。一个弄不好，就是领导和员工都累。

工作不是做给自己看的，是做给用我们工作成果的人看的

有一句非常热血的话叫作"我要过得了自己这一关"。我不得不煞风景地说，除非你的业界地位如乔布斯那样无可撼动，还得有他那

样的天赋,否则最好不要成为他那样的偏执狂。尽管乔布斯被市场认可了,也依然收获了各种讽刺,后来的模仿者被吐槽成什么筛子样大家也是知道的。

对于职场来说,无论"我觉得"后面有多少理论支持的正当性,他人也永远不会按照你的意志去做彻底的改变。即使你所坚持的东西非常正确,但如果你不能够理解他人为什么有现在的想法以及他们有什么局限,并且不能以一种大家比较能够接受的方式呈现,那么"你以为"的任何东西,无论多好,都不会产生价值。坚持自己的意志是值得尊重的,但尊重永远是相互的,以俯视的方式对待他人,往往收获的还是抵触。

专业人士最希望拥有的是一个完全可以自己自主发挥的空间,但不幸的是,这个空间可能永远不会有。因为资源是有限的,比如人力资源部当然希望能通过最严谨的方式进行招聘、给出富于竞争力的薪酬以及用最好的绩效模式来激励员工工作,并且选择最好的供应商提供优秀的培训。但我所见的现实往往是,公司只给一丁点钱,你就得把上面这些事全都做了。能在约束条件下找到最适宜的工作方法,完成结果,才是专业人士的本事。

也因为我们的工作成果(包括支持也包括管理)必须通过他人的生产和销售成果才能体现出来,所以在一个企业里,我们并没有自己想象的那么重要。这并不是一个新人才会犯的错误,甚至职业经理人也往往无视这一点,从而扼杀了自己职业生涯中的某些机会。比如我们都知道苹果旗舰店独到的体验式销售模式,但我们或许还不知道创造了这种销售模式的那位先生去了一家传统百货公司后,希望以自己的成功经验改造之,然后……失败了。

对于你我这样的普通人来说,得先过了"客户需求"这一关,然后才能谈到自我价值的实现。如果是需要跟客户乃至工商税务等相关管理部门打交道的人，那么你做的东西好还是不好，得客户说了算。如果是跟公司内部打交道，比如行政、人力资源、安全管理、生产管理、产品和运营等，那得由内部使用你工作成果的人说了算。最直接的就是，顶头上司说了算。不要对此不服气，要出了娄子，虽然咱们跑不了，顶头上司也得被连坐。原则上顶头上司就是跟咱们利益共享、风险共担的人，要是咱们跟顶头上司再无法达成一致，这工作中的日子可怎么过得下去？！

简而言之，以上所有的解决方案其实就俩字——"沟通"，说详细点 4 个字——"有效沟通"。写出来真心简单，可是要做到，大概非常难。难点在于我们现在的行为方式来自我们的成长经验，我们用它有效地解决了很多问题，所以我们很难真正看清自己的弱点，而承认自己有弱点则更难，最难的是真心想改，改掉自己多年的老习惯，就像亲手剜下自己的一部分然后令其新生一样，当然是疼的。

会主动工作就不会又累又焦虑

但凡当领导的，都希望员工能自觉工作，主动承担。但作为员工，往往会面临几个困境：

1. 鞭打快牛，做得越多越好，丢过来的工作就越多；那些干不了啥的却可以拿着工资刷淘宝；

2. 做得越多越好，在本岗位上反而成了不可或缺的人，想得到其他发展机会、晋升或调岗变得很难；

3. 如果表现得太积极会被其他同事非议；

4. 目前的工作中，大家分工明确，除了按部就班地进行自己的本职工作之外，似乎没有什么可以争取的机会。

"主动工作"倒不一定要体现在增加自己的工作量上,而主要体现在对工作的思考上:包括提高自己的工作效率、主动承担并完成重点工作、减少因为自身准备不足和长期忽视带来的突发问题,以及避免"被工作追着干"这种局面。其实从这个角度看,反而比较忌讳不加考虑地接手别人丢过来的工作,特别是还包含明显资源不足的工作。如果发现自己因为特长反而陷入了越来越多的额外工作而没有获得更高收益(包括提升)的时候,跳槽(涨价)就应该放在自己的日程范围内了。

一方面主动工作意味着不断总结工作中的规律,沉淀自己的办事经验和相关资源;另一方面,主动工作要让领导和其他人看出成绩,需要做出"增量",最极端的例子就是"政绩工程"。

对于你我这样的员工来说,做"增量"的空间一般有以下几个来源:

一、公司有新工作、新项目、新职能的出现

大多数人喜欢做自己熟悉的工作,如果工作内容发生变化,第一反应一定是抵触,觉得进入新的领域会有压力。所以在新工作、新项目以及新职能出现的时候,如果没有立即体现出"加薪升职"的激励,那么大多数人的第一反应是"不想理睬这件事"。但对于已经有专业准备或者希望有所突破的人来说,这正是一个展示自己的机会。曾经在某企业看到一个例子,做质量体系在企业内部属于吃力不讨好的工作,要梳理企业的流程、做大量的文件、协调各部门配合,而最后做完的东西对企业来说往往就是走过场。但这企业里有位女性中层经理正是接了这个"聪明人不想干、不聪明的人干不了"的活儿,过程中没人配合就自己死扛,让老板看在眼里,直接把她从技术员提拔至部门经理。

这个例子并不算惊心动魄,但企业内部,特别是一定规模企业的

内部提拔是一场持久的淘汰赛，一个优秀的管理者需要通过每一层级的磨炼和考验，而稳定运行中的企业考验人的点有时候就那么几个。而且随着企业扁平化的管理趋势，一个基层管理者能得到的锻炼和培养更少，却需要比以前更高的素养。能够抓住机会做"聪明人不想干、不聪明的人干不了"的活儿的确能起到快人一步的效果。

二、提升业绩

最需要重视这一条的是管理人员。这一条最为浅显，但在实际工作中有时候会被很奇异地忘掉。广义地说，业绩不仅仅是指销售的业绩，如果是降低了成本或者提高了公司内部的满意度，也可以算作业绩。我的前任领导刚进入公司时，我们咨询部门在老板的亲自管理下一年只有不到 300 万的业绩，他来了之后，直接根据市场情况调整了我们项目开发的方向和实施的方式，可以想象这位哥们遭到了抵制。但他的应对不是消除我们的抵制，而是直接到一线市场拿单，半年内部门的业绩就达到 700 万——大部分内部矛盾瞬间灰飞烟灭。

在我看来，职场上几乎没有什么比能够到手的利益更能治愈人了，同样，也没有什么行为比带来客户和业绩更加神圣不可侵犯。

三、对工作进行沉淀，对工作方法进行优化

这属于把简单的事做到不简单，特别是行政后勤人员可以选择这一条道路。我见过两个例子，第一个是我曾经共事过的一位行政助理，她是一个典型的"成本导向"型的人，无论处理任何事务，都力求性价比最高。在她任上，以前 300 人的培训课堂上可随意自取的瓶装水以环保的名义改为"凭空瓶换取"；我们的笔从随便领到凭空笔芯换取。虽然我们颇有微词，但她一直耐心解释，也确实在工作中尽量考虑一般员工的具体需要，而不是拿着管理条文说事，最后我们也就屈服了。具体节省了多少成本我们其实并没有在意，但她重视细节、重视成本

的意识给人留下的印象非常深刻，最后被挖走，成为某个创业团队的核心员工。

另一个是我一位朋友，出于人情招了一个关系户大姐，大姐没啥学历，在家做了十余年家庭主妇，孩子大了想出来工作。朋友开始心存轻视，让大姐干后勤，后来发现大姐干活利索之余，把打印机传真机怎么用，复印纸该准备多少数量、放在哪里，硒鼓怎么换，多长时间要考虑备件都记成笔记，不但自己干着顺手，别人临时要用，一看也能明白。然后很自然，朋友为了留住大姐长干给加了薪水。

这种做法需要有心，而且是真正把工作的事当自己的事情来操心。如果能以自己的工作补足领导有心想做但一时没顾上做的，或者领导虽然没有意识到但确实会赞同的那部分工作，就会事半而功倍。

在我的经验中，除了要有"做增量"的意识之外，还有一个问题也很重要，如果顾虑不周，则有可能一片好意却办不出让人满意的效果，达不到自己预想的目标。

要顺水行舟，在资源有利于自己的时候做"增量"，而不能只想着自己要有表现的机会。如果不能清楚资源是不是足以支撑目标，有时候就会陷入"业绩谋杀"的境地。比如要在企业内做薪酬改革，就必须在老板支持且有涨薪预算和空间的时候才能做出彩。要是老板的意图是削减人工成本，那黑锅就算顶在自己头上了。

一般来说，做出的增量总要有受益人，或是公司、或是领导、或是员工。但有时候在职场上，也可能有做与不做皆难的境地，做了得罪员工，不做得罪老板，这时候该如何抉择，只能就事论事，但原则上就算做了人家的枪，也不能稀里糊涂地做。

Lesson 6 与领导和同事相处的原则

别人的错误并不能解决我们的问题

很多人并不喜欢自己的工作,即使他们的工作在外人看来还不错。如果问他们,他们的回答一般都是:"我觉得这个工作学不到什么或看不到前途。"但如果细细聊起来,我觉得固然有些问题是工作本身造成的,但值得注意的是"不胜任"也经常是一个重要但没有人愿意承认的原因——我们更喜欢把它矫饰成"我的人际关系出了问题",而不是"我的错造成的"。

不幸的是,如果一开始做事就不是想着在自己的范围内尽可能把事情做成,而是想着各种别人的原因而导致失败的理由,那就是实实在在的不称职。这种情况与其说是在解决问题,倒不如说只是企图解决自己的痛苦。一件事情没有做成时,如果需要自己来承认"这是我的能力或努力不够,所以没有做好",以及需要反复思考"我下一次该如何做",其实是相当痛苦的一件事。要放弃自己以往的习惯也是一件痛苦的事——倒不如让自己相信"这是别人的错"以及"这是一个解决不了的问题",从而放弃来得容易。

太多的时候我们面对困难的第一反应是"解决我的痛苦",无论是用拖延还是推诿,又或者是自欺欺人。但如果我们最终不能朝着自己应该的目标去"解决问题",则问题永远在那里,痛苦也还会回来,只多,不少。

避免用有色眼镜看别人

我们有时候会认为那些喜欢表现自己、喜欢跟领导交流的人虚伪、玩花活儿、抢功劳——很多工作其实都是在他人配合之下才完成的，怎么竟然都算作自己的功绩？如果没有他们，我们的成绩一定会得到更多的承认，以及获得领导更多的赞赏。

但从真实世界来看，在其他人眼里，一般我们都没有自己认为的那么好；而那些得到更多实惠的人，往往也确实是比我们更强、更出活儿。所谓的出活儿是一个大的概念，包括：对企业的客户或者对领导又或者对同事（有先后顺序）来说，你做的工作结果对别人有意义。有时候这三者之间会有一定的矛盾，让客户高兴的不一定让领导高兴，让领导高兴的也不一定能让同事高兴，让同事高兴的则可能无法让客户和领导高兴。处理好这三者之间的关系也属于"出活儿"不可分割的一部分。

评价没有价值，分析和解决问题才有

大部分被提出来的关于职场的问题是"感受性"的问题，大概70%左右的问题是人际问题，20%左右是方向选择问题，剩下10%属于专业技术提升问题。人际问题里最典型的问题其实就三个："我能不能跟老板或同事做朋友，我怎么跟我不够喜欢的领导相处，以及我怎么跟我不够喜欢的同事相处。"在我的工作中，无论是具体实施企业的人力资源项目还是解答职场问题，安抚情绪实际都占了我三分之一以上的时间。

工作中比较致命的习惯是成为一个"评论者"。当然我们会不自觉地评论周边的一切，但评论本身一般不会产生任何正面价值，还可能带来麻烦。和一般人理解的正好相反，成为一个"评论者"一般不是因为这事干得非常好，而是眼界和技能都不够强的表现。所谓"会者做事，不会者教人"，想想那些指点天下大势"上下五千年，纵横两万里"的北京出租司机大哥，大概就比较能够理解了。而且评论会形成恶性的循环，因为自己不动手做就不知深浅，所以敢于各种评论，而评论多了则更不屑自己动手做，结果更做不好——每个单位都会有一些这种老油条，千万不要上了他们的圈套。

一个评论者的典型是总在会议室里对其他同事的建议、工作方式、方案等提出批评，指出不完善的地方，但需要他提出具体应该怎么做的时候，就立马安静了。

要不要跟同事做朋友

现在"朋友"这个词真是贬值得有点厉害，基本上认识就可以约莫归进朋友这个序列里。我参加过一个荷兰人主讲的培训，当某个学员恳求老师给一些超出课堂范围的资料时说："你看，我们是朋友。"老师特别认真地解释说："我们不是朋友，我之所以对你们客气，是因为我希望你们在我的课程里感觉舒服。但朋友是你要认识我的家人、我要认识你的家人，我们记得彼此的生日，我们经常在一起分享人生的经验……总之我们还不是朋友。"我觉得他说得特别好，对此念念不忘直至今日。

我其实不提倡和同事做朋友，特别是领导不应该与下属做朋友。这应该与我个人的经历有关系——在北京这样的城市里工作久了，跳槽也很多，我对集体的归属感很淡，我又是一个比较疏离的人，所以我天然地觉得我和同事下了班还有各自的生活。但我们在一定阶段内跟同事是最熟悉的人,而且为了共同的工作目标而奋斗,所以我们会跟同事有很多共同语言——比如工作的压力、对领导的不满、对公司策略的看法。我们很容易将这种熟悉和共同语言带来的亲近感当成是友情。但有几个人在离职之后还跟以前的同事保持比较多的联系呢?非常少。

而领导与下属做朋友的风险在于领导必须承担决策的风险与压力,这种压力是不能向下释放的,士气宜鼓不宜泄;另外,领导对人的好恶会极大影响其他人的工作表现,一旦员工觉得揣摩领导比揣摩工作更重要,工作目标就差不多算是毁了,甚至会留下把柄、为人所乘。领导即使要展现人性化的一面也应当是基于工作原则和目标的,一旦原则缺失,就会发现管理起来难度更大。

在我见过的例子里,不但有同事做了朋友的,更有不少同事喜结良缘。所以这事还是因人而异、因环境而异,不排除同事之间因为意趣相投而能做朋友甚至恋人。而且从某个角度来说,如果员工关系友善亲密,是有利于公司人员稳定的。这种氛围的公司我也见过,特点是公司规模比较小,收益比较好,而且在快速发展中。

与其费心思索"要不要跟同事和领导做朋友"这种充满辩证意味的问题,行为上保证一个底线可能更重要。正因为个人感情和工作其实永远不可能严格划开,所以工作习惯一定要严谨,一定要按该走的程序走,例如工作交付或者工作协调的问题一定要有书面材料(邮件、通知、备忘录、工作单等),而不是通过私下沟通来解决。严谨的工作习惯是对自己的保护,也是对他人的尊重。

有很多人说自己在工作中被陷害,因为说话不谨慎发了对领导的牢骚,或者是把自己想跳槽的想法告诉了同事,结果被人落井下石等情况。一般这种事情的主要致命之处都在于两点——"你不够让领导信任"以及"你的工作实际是有缺陷的"。如何让领导信任在前面的文章里讲到过，后一点很多人不愿意承认，或者觉得自己是因为很多局限所以工作才没有做到完美。但工作中最终是以结果论成败的。我曾经历过类似的事情，我完全能够理解发生这种事对一个人的伤害，但多年以后我回首往事，不得不承认以上两点我都犯齐了才导致的那个境况。

如果我们诚实地回到原点来看待职场的人际，就会意识到，我们的目的是来工作并获得收入的，应该从这点出发进行有意识的行为控制。纯天然的人并不像纯天然的果汁那么迷人，大概更像纯天然没成熟的果实那样酸涩不招人喜爱。

不想得罪人怎么办

职场问题里有一个很经典，就是资深同事或非直属领导总让我帮他干活，我该怎么办。如果单解决这个问题很好办："干得了就干，干不了就婉拒。"但如果提出这个方案，就会遇到这个问题真正的核心："我不想得罪人怎么办？"特别是在体制内的同志，似乎格外在意这一点。从大原则来说，首先没人可以做到谁都不得罪，其次是如果领导罩你，很多事就不算什么。

但很多人正好弄个满拧，对于自己的领导敬而远之，倒是希望跟同事能打成一片，结果我觉得只有一个，就是有一天会哭诉："我做了那么多事，领导却喜欢那些会说的。"在我看来，"与领导达成良性沟通"是一种绝对有必要的能力，因为你的工作目标、工作要求以及工作结果评估都来自领导，为什么不能好好达成沟通呢？不可否认这世界是充满了很多混球领导，所以不一定每一次都能做到和领导相处融洽，但如果这一点都想不通或者不接受，请不要告诉我你的个人能力很好，你需要的只是一家不需要拍领导马屁的公司。

先说同事之间协作的问题。有同事来请求帮助，无非几种情况：同事不会，我会，所以同事请求帮助；同事会，但我做得更好，所以同事请求帮助；同事会，但他是个坏人，就想推给我干。考虑要不要帮同事的底线原则是：不能影响我正常职能的履行，还有一点就是人往往有依赖性，如果帮忙的这件事情会重复发生，可以预期的是之后被继续找上帮忙的概率就很大——代表性的就是修电脑、做翻译、美化PPT什么的。还需要考虑的问题是：做这件事会不会得到某些方面（技能、在领导面前的表现等）的提升。最不能考虑的问题是：这次我帮了他，下次他也应该会帮我吧。

如果是有风险、需要占用比较长的时间又或者很可能会重复发生的事情，那么一定要让你的领导知道这件事，并且要知道领导对帮这个忙的看法，该走流程走流程，没什么不好意思的。这世上多数人还是合理的，婉拒一次不至于到了得罪的程度，但要注意一旦开始帮了，后来不帮，倒真有可能得罪一个人；如果在同一个问题上，你帮了一人却拒了另一个人，也可能会得罪人。

自己的事情最好自己完成，不要轻易就让人家做，比较忌讳反复找人帮忙；找别人协助或者指导之后要诚挚地表示感谢，即使对关系比较熟或者资历比较浅的同事也一样，否则容易招人厌烦。

比较特别的是上头说的第一种情况——"同事不会，我会"，一般来说这种情况是很难拒绝的，如果这件事会反复出现，或者很多人都有这个需求，那么最好的办法是把这个事写成操作手册，跟领导、相关部门、人员（注意顺序）讨论完善之后，公布出来，在一个气氛正常的公司，这种事情叫作"创新"，是可以露脸的事——是的，也别忘记感谢领导。

其实"得罪人"这件事比我们想象中的可能还要复杂那么一点。有时候跟最初的善意或恶意关系都不大，只是因为人的价值观和利益点的差异，"得罪人"往往就在我们不经意间因为"做了什么"或者"没做什么"发生了。

比较好理解的情况是，你完全可能因为被提拔或者在同期进入公司的一批员工里拿了奖励，又或者作为新员工比老员工更得领导器重便遭受嫉妒。这时候任何企图表现出柔软和示弱的行为其实都不会降低"得罪人"的程度。做好自己的工作，别让人抓了把柄是首要的。他人不会因为你是一个好人而追随，只会因为你值得敬佩而服气。

比较不好理解的情况是，有时候赞美也会得罪人。早年一个领导讲过一个例子：曾经做论坛请了某著名经济学家来当嘉宾，负责接待的年轻员工赞了老同志一句"您真是德高望重"，就引发了老同志的不悦。原因是，老经济学家觉得你一个刚毕业的年轻人尚未有资格对我进行评价。我不知道看文章的你是不是能理解这种感觉，反正我现在能理解了，我 30 岁左右的时候被一个刚毕业一年的同事拍着肩膀说"你最近进步很大"的时候，我是满怀恶意地渴望给她来个过肩摔的。总体来说，"评价他人"需要审慎地做，无论是好评还是差评，都有一点俯视的感觉在里面。

还有一种比较难以察觉的是，因为实力不够而得罪人。当然我理解如果我是那个"猪一样的队友"的时候该多让人讨厌，可问题是我怎么会认为自己是那个"猪一样的队友"——我会觉得我已经很努力了！

其实还有很多我们想得出想不出的理由都能得罪人，我听过的比较极端的案例是某人在进单位后第一次见领导时打了个哈欠，从此直到此领导退休，一直都瞧不上他。所以无论你有多么善良无辜，都不可能一点都不得罪人。

而且人有亲疏远近之别，有缘分深浅之分，某甲做好的事某乙做没准就得罪人。亲近的朋友要是说"你最近的文章不如之前的好"，我多半会跟她深入聊聊反思一下；要是一个陌生的人跳出来说这话，我这么一个修养普通的人则认为"呵呵"算比较有礼貌的回复了。认识数年的外地朋友若是来本地需要接待，那绝无二话，可要是几面之交的人让我做个北京三日游攻略，我大概会哼一下请他自己去百度。说起来谁没有几次被人冒犯到的糟糕感受呢，得罪抑或被得罪，这种事哪里能计算得那么精确。这个问题，还是得立足在自己的发展目标上去考虑。仅考虑自己的利益是不行的，但总担心得罪人也是走不远的。

怕得罪人，更深的是怕得罪人之后被人算计。我父母那一辈出身国企，从我少小时候就让我与人为善，不可得罪人，我与他人有了不快，他们总是教训我一顿，觉得我不会处事。但后来出了社会却发现，工作中往往顺得哥情失嫂意，谁都不想得罪的结果反而是可能谁都得罪，倒不如先客客气气把自己的边界表明了，以工作和发展目标为原则去做事，少一点揣摩人心。至于那些会被得罪的，不管有意或者无心，既然得罪了，那就得罪了。

好多人觉得"宁得罪君子，不得罪小人"，但往往小人是会蹬鼻子上脸的，不然也不叫小人了。至于"背后扎针"这种事，也不用看得那么严重——从道理上说，领导如果向你征求一下其他同事的工作表现，这人正好表现又不够好，你不说会很仗义吗？那么领导就不该了解真实发生了什么事情吗？你不说领导就没有其他途径了解了吗？事实上有能力出活儿又被领导信任的人是不怕扎的，被扎一针着的，要么不够出活儿，要么不够被信任，更有可能的是两者皆不够。以很多人的出活儿状态来看，根本不是死于背后的问题……仅仅是死于绩效表现不够好而已。

与其揣测他人，不如清醒地认识自己

亲和力这种能力基本就是天赋，无法复制，很难学习。有些人就是什么也不见多做，但别人有什么事就想着他，有事没事就想跟他一起待着；有些人就是能够在一桌子十来个不同身份的人里对谁说话都妥帖得很，既不生硬也不谄媚，既表达了自己的意思与所求，也让别人听着舒服，还能让任何人都觉得不受冷落；还有些人替你着想的时候不仅把你想到的给做到了，你没想到的他都能预先想好也做好。和他们在一起，无论关系和身份怎样，甚至可能明天人家都不大记得我了，也还是觉得如沐春风。

但大多数人都做不到真正高明，还不肯认这个账。一般人所谓人际关系复杂，往往是被"分析分析他怎么想的"这个思路给搞复杂了——说白了就是对别人脑补得太多，却并不关注自己待人接物是否有问题。

某种角度来讲，人精、普通人和逗比都有揣测他人的时候，我感觉差距主要是在两个方面：一个是对自己认识靠谱不靠谱；一个是对他人表现出来的反馈敏感不敏感。当然还有这个人的思路是否敏捷、礼貌是否周全、是否有尊重他人的心意等因素，但如果前面这两个因素颠倒了，后面的善意也未必能酿出善果。

对自己认识不靠谱的我见过大致三种情况：一种是不明白自己的优缺点以及行为特点，一味凭本能说话做事，自己对自己的看法与大多数人对自己的看法差距比较大；另一种是看不明白自己所处的情势，总觉得人家应该如何如何，对自己所处环境的风格气氛，乃至于交织的各种关系是两眼一抹黑；还有一种情况是一个人所表达的和他表现的总不是一回事，却又不是真的出于故意伪装。

对他人表现出来的反馈敏感度更是个关键的问题，与人交往却听不出人家的话是客气还是诚意地答应、拒绝还是调侃、好意提示还是煽风点火，那么在与人合作或者求人的时候必然更加艰难一些。毕竟工作生活中，总会有些时候自己对事情不熟要请教别人，要其他人配合才能完成工作，又或者要融入圈子里获得资源。

我自小在三线企业大院里长大，对琐碎且扯不清楚的复杂人际关系倒也不陌生，国企改制前，大家捧的都是所谓铁饭碗，到日子领工资，干好干坏从工资上区分很小。整个又是一个相对封闭的大社区，上班下班都在这么一块不大的区域里，所谓的人际关系是基本上谁也没法儿拿别人有太多办法，所以平时看着一片和气，但到评职称、分房子、升职位就你搞我我搞你，还有一种"谁人背后不说人，谁人背后无人说"的风气。从某人升职背后的因素到谁家夫妻关系，没有什么是不能拿出来分析的。可是绝大部分成天分析别人生活的人，最后随着企业的改制、衰退，发现自己岁数大了，职业技能也说不上有竞争力，无处可依，唯一能做的事情就是坚定地要政府为他们负责。的确国企的衰落不是他们的错，但半生过去却发现自己以及自己所在的这个群体没有出路，则可怜复可叹，却又无法完全地同情。

所以在我看来，对于大多数人，首要的还是让领导信任和看重，如果有对外的工作，那么也要让客户和相关单位觉得跟你合作愉快，这些才是最要用心以及着力之处。其余跟同事玩心机、争意气，我觉得多半是宫斗剧看多了脑子没转过来。宫斗剧的前提是"一个封闭场景，谁也出不去，只有一条活路可走"，但在职场中，多数时候一时一事的上风下风和大目标相比都不值得太计较，有本事直接在领导那里背后捅一刀直接搞死，要没有这个水平，还要各种计较以及搞小动作，别人固然不得益，自己也落不着什么好处。现实中跟同事无非是大家各自为各自的利益分工合作，不要天真地想着相亲相爱相呵护，也不能占不着便宜算自己吃亏。职业道路如此之漫长，技不如人输了一着，总有机会扳回来，即使不在此处，也是市场之大必有容爷之处。这些其实也是老生常谈了。

只是有一点我们往往要忽视，就是人际关系是个需要客观理性的领域。要分得清什么是真实发生的、什么是我的判断以及什么是我的感受，才能正确地看清自己，也注意到别人的行为与反馈。如果只凭着感受和本能的反应去做，就会形成我们不断地去打扰那些对我们和善的人，希望他们提供更多的友善和帮助，如果他们没做到，我们反而会更失落更生气。而对那些对我们不好的人，我们反而客客气气，生怕得罪了招致报复。所以所谓做人公平，应当是对我好的我心怀感激，对我不好的我该躲开躲开、该对抗对抗——若不让对我好的人得到我善意的回报，这份对我的好便迟早会因为失去滋养而断绝；若是怕了那对我不好的人，又安知人家不会蹬鼻子上脸反而欺负过来。想来想去还是孔夫子这个原则极恰——"以直报怨，以德报德"。

职场中没有换位思考

我们有一种与生俱来的需求，那就是"希望得到别人的认同"。员工希望领导能够认同自己的能力、肯定自己的工作结果，领导又何尝不希望自己在员工眼里英明神武。我们总希望单位里同事友好、领导亲切，但更多时候感觉到的是猪一样的队友和乌鸦一样的领导，这种问题几乎是工作中最让我们糟心的问题，最后往往是我们尖锐地对抗或者尝试沟通几次后就开始疏远和沉默，最后逃离。

换位思考真的有用吗

于是不知道是谁发明了"换位思考"这个词，认为我们站在对方的立场上设身处地思考一下，就可以降低矛盾。于是这个词就会出现在各种强调沟通的场合。在我的感觉里，这一招几乎从来没有真正奏效过，如果说奏效，那么也是进一步削弱了本来就气场偏弱的人对自己的维护。假装我们之间没有隔阂可能比大家都很清晰地知道我们之间有隔阂更糟。

职场中所谓换位思考的表现形式其实往往是这样的：

销售部员工说："假如我是市场部的人，我一定会把推广活动做得更接地气，他们根本不懂得我们真实的客户是谁！"

市场部的员工则说："销售部的人居然在这样好的市场上不尽力卖货，如果我是人力资源部的，我一定不会招这样没有执行力的人来！"

实际上大家都觉得自己比那些"有关部门"和"其他人"更了解应该怎么做事。员工说领导管得过多过细，领导觉得员工不能跟上自己思路等问题都属于此类。

我们所希望的换位思考，其实是让对方遵从自己的想法

我们所希望的换位思考，其实是想让对方百分百同意并且跟随自己的主张，我们并不喜欢对方站在我的立场上提出他自己的观点。起码在我们这一行，如果对跟自己资历差不多的同事提出异议，就必须做好被喷回的准备，至少也会看到对方的脸呱嗒一下拉长；如果不是特别有力的理由，那么修改同事写的文件就近于侮辱了。

而且我特别不认为员工能够对领导换位思考。不客气地说，在领导的思考里，绝对包括重用谁、凑合用谁、疏远谁、拿谁顶缸、让谁试水这种策略性问题（当然也可以认为这是一种办公室政治）。但对于一个员工来说，他只有自己，如果他不能全力且恰当地表达与捍卫自己，还能怎样？而且我还发现一个很有意思的现象，一个满腹牢骚的员工，有时候可能在一个相对安全的环境里仍然以一种"老板这样做有他的难处"的语气来说话，却又压抑着"老板这样做让我很困扰"的真实感受。长此以往，大概还是很难受的。

工作中切忌意气用事

我经常觉得很难解释职场中的人际关系到底怎么处，这实际上是很微妙的，比如该怎么拿捏和同事的热情友好程度，怎么在表达自己意见和服从领导之间找到平衡，怎么顶着压力去撸顺资深下属和同僚。实际上我觉得这些问题的核心还是一个要有公心（有没有私心这个可以骗别人，但没必要骗自己），另一个要敬人。

如果不信任别人的能力，最后的结果就是活儿和责任都揽在自己身上，出了问题还得自己担着，人家完全不会有动力来帮你分担，因为这个事不讨好；如果对同事一律防备，最后也不会被任何人信任，一个没有自己立足点与同盟的人也很容易被人下黑手；而如果太把私人感受放在工作中间，那么情绪就会妨碍你对一些问题的判断。如果总觉得他人（特别是领导）要事事向自己解释清楚才算公平，那么你可能真的会很痛苦，因为对他人来说，与你合作未免太累；当然看见真小人的时候肯定也有，那只能要么认输，要么出手搞死人家，持续地闹意见实在意义不大。我觉得最好的状态是保持自己的内心像镜子一样，只是诚实地反应："原来他人是这样理解的啊"，而不是立刻反应到情绪上，也不急于判断。

不要用"个性化"的方式去工作

曾有人问我要不要请跨部门的同事吃饭，我的意见是不要。我认为跨部门沟通的工作最忌讳做成个人与个人私下的交流，而一定要让双方领导都知道大家在做什么。他反驳的意见是，那些私交相对好的人在合作上确实顺畅很多，而事事都报告领导，请领导协调也会招致领导的反感。

我当然非常同意私交的话，配合会很默契，也不反对经常与同事一起吃喝。我觉得人性就是，我得从情感上接受了，这事才算是真接受了——但这只代表一种比较好的结果，公事公办和唧唧歪歪充满负面情绪地办了，依然是办了。不得不说，综合应用各种方法实现合作是资深员工与各层级管理人员必备的技能，拉拢绝对是个办法，但临时性的拉拢基本上不是个好办法——一个人的立场不会因为一两件事就轻易改变。

所以我反对在没有做好基础之前完全以个人的方式去做事，就像之前说过的，组织的运作自有其规律：首先我们来工作是为了承接领导交办的工作，通过完成工作的结果换取薪酬。我们处理各种人际问题，也是为了完成工作，而个人的成长、获得支持与成就感更多来自于不断完成目标的过程。所以职场人际的底线是与人在客气以及客观的距离下合作，如果不能做到这一点，玩弄人际手腕只会让自己付出代价。

而做到"公事公办"这一底线的基础是：诚实地面对自己的想法和需求，也尊重别人可能的不同意见；尽可能把问题聚焦在能改变的方面；遵守相应的流程制度，也尊重约定俗成的规则。至于很多圣人之道，我觉得可以写在文件里，却不要虚伪地放在对人对己的要求中。

很多人总希望在工作中能感觉融洽，同事亲切领导爱护，我觉得这想法可以理解，谁都愿意在一个舒服的环境里工作嘛。可要是觉得这些是应该的，如果没有实现便是同事的冷漠势利，我就觉得有点问题了。比如说"前辈要教导新人"，企业确实应该有这样的氛围不假，但如果企业没有明确的制度将带新人和绩效挂钩，这事儿就得凭前辈的良心了。而如果是凭良心，那前辈无非就是看谁顺眼就指导一下，不顺眼就让他自生自灭。如果年轻人不再觉得礼敬前辈、尊重等级秩序是一种必须，那么前辈要教导新人也就不是必须。希望人家能够耐心指点，光嘴甜姿态低其实是远远不够的，还得先做准备，之后用前辈指点的方法尝试工作，然后要把自己的心得体会反馈给指点者并表示感谢，才算是比较完整的尊重礼敬态度。否则这种事就是吃力不讨好，如果还不能落个面子上的尊重，那么扪心自问，谁想干呢？

要尊重而不是收买同事

对人的尊重友爱和收买人心有时候面目很像，甚至做的人有时候自己也觉得没有区别。但实际对于受者来说，这个区别还是挺明显的。比如请同事吃冷饮零食这种最常见的手法，我与你关系好，今天你吃我一包花生，明天你让我尝尝出差带回来的特产，这就能其乐融融——不是说因为我们互相吃了所以关系好，而是因为关系好才能互相吃。要是咱俩本来不对付，你非得塞我一盒巨贵的巧克力，或者你新一进公司就给我塞小礼品，第一我不敢收——多数人收礼也是看情分的；要么我收了也就收了，但我会想怎么还——我总不能为一口吃的、两句好话、一点小零碎就把自己给卖了吧？你会觉得委屈吗？那当然委屈！所以吃喝礼物之类的，不过是熟悉之后的附加品，并不能换来良好的关系。再说对人尊重不尊重，也不在这上。

实际上无论是送礼还是受礼，还是要考虑远近亲疏——若是我要结婚，还把喜帖发给刚进公司三个月的不熟的同事，还等着收份子那就叫真不懂事了。若是真有不懂事的人上门来发喜帖，我也只能当没这回事。原本有礼法的、严谨的一些事情，在我看来现在简直搞得稀烂。看着年纪不大的人既没有长辈指点旧礼俗，又不能按照个人边界清晰的新派方法待人接物，我总觉得特别不舒服。倒不是觉得礼之不存有什么问题，而是觉得小小年纪在这种事上浪费那么多时间精力到底有多少意义和必要。

我总感觉工作中对人最大的尊重就是能够理解他人的工作，对他人付出的努力保持一份敬意，以及对不合格的工作品质保持坚定的反对，这三者缺一不可且有先后顺序。而工作中对人的最大的不尊重莫过于强调和评论一个人的性别、年龄、出身、家庭状况，以及"性格"——因为这些对人来说是无法改变的因素，如果只能从这上给自己找点优越感的话，只能说太差劲了。多年前看过一批业余模特拍硬照，摄影师花了很多时间来调整模特的状态，原因是模特穿上借来的大牌衣服之后下意识地怕弄坏衣物饰品，举手投足便不自然。在职场中，最荣耀的永远是跟自己的工作成就相关的东西，我觉得吃得了苦、摆得了谱、看什么干什么、不一惊一乍才是真风流。

人际关系非常成功的人一定不是纯天然野生出来的，而是时时刻刻注意他人感受和各种行为细节培养出来的——毫无疑问是需要用心的。所谓"一个人太有心机"，我觉得并不算贬义。当然往往越是自己账没算清就算别人、还没算计出好结果的倒霉蛋，越是觉得自己像白莲花，看人家做得妥帖的就说人家有心机。另一种情形是，时常有人说:"我就是这么一个直来直去的人,怎么破?"从我真实的感受来看,这种人一般无解。你要真跟他也"直来直去",他反而会觉得受到了迫害。我觉得只考虑自己感受、不在意别人感受的,不叫直爽,而叫自私。

人和人之间真的要好,理由往往不是那么具体——得"投缘",在一起一定要觉得舒服。人和人之间的意见可能是千奇百怪的,有些甚至是私人脾气,可是要照顾不到就会暗生好多意见——一个该打没打的电话,甚至谢绝一次聚餐,都有可能让人心生不快;找人借东西不及时归还对于有些人来说,可能就是请饭也弥补不了的错误。

实际生活中,同一句话说出来,比如"你今天脸色看起来不好",到底是关心、八卦还是幸灾乐祸,这中间语气、语调、语境、肢体动作的区别,我觉得大多数人是能准确感受到的。所以一个人要想完全不得罪人,那几乎是不可能的,可是把自己不想得罪的人得罪了,似乎还是应当对自己做的事情反思一下。如果揣摩不准对方到底为什么无法与自己交好,干脆放弃客气而保持有距离的对待也许是最好的方法;这总比自己一味瞎揣摩,做出一些出于好意但对方又无法领情、从而让大家都很烦恼的事情要好。

工作中经常遇到的两种负能量同事

如果我们工作久了,就会很容易在工作中遇到这样两种人:一种是动辄以老资格向年轻员工透露公司的种种人际纠葛和负面信息,表示这个世界黑暗,再努力也没有太大的意义;另一种则总是一副可怜兮兮的样子,表现不大好,若批评一下,他们便总貌似诚恳地表示接受,但过一阵会发现他们并没有任何实质的改变。这两种人本质其实往往是一种：都是在漫长的职业生涯中无法跟上发展的需要——他们的岁数往往已经不年轻了（如果尚且年轻则更加可悲），在某一个岗位上也做了很久，但他们习惯于比较低的工作标准，却不知道或装作不知道这样的工作能力让他们已经没有足够的竞争力与真正的市场搏斗了。

我曾经同情过这种人，也曾经以为社会应当为他们想到一条出路，但最后我不得不承认自己只是一个普通的人，我也许能影响一些人，但终究不能拯救他人。即使现在我接受一些职场上的询问，但也几乎不再正式做咨询个案——这里有我的主要工作方向以及时间、地域和我个人的收入问题。还有一些因素也很大程度上阻止我将职业咨询作为职业方向——会面对太多的负面感受、太多不想改变的借口和阻抗以及咨询者真正行为改进的困难性和咨询者的依赖性。

在现实中，如果有人反复向我做同类问题的询问，我会断然切断我们之间的联系。我其实明白，曾经接纳而后又不接纳，也许比最初就不接纳更伤人，从这个角度讲，我并非一个真正好的个人职业咨询顾问。但在我看来，每个人终究只能依靠自己的力量去不断开拓向前，否则就只能眼睁睁地看着自己不再被爱惜、不再被尊重，因为大部分时候个人的能量也是极为有限的，无法长期托着另一个人负重前行。

"势利"是我们所不喜的一种表现，但相信我，没有人会真正喜欢跟弱者一起组队，就算不考虑刷掉BOSS后怎么分配收获成果的问题，无论是引怪还是打怪，谁都希望队友能够在自己的位置上掌控得住。

同样，当我们工作久了，大概会越来越铁石心肠，我们不得不学会果断放弃很多东西，从"猪一样的队友"到无法跟上我们脚步的曾经好友，从最初不切实际的傲然理想到生活中那些曾经让我们感到愉悦、舒适的习惯。这个过程不得不说是痛苦的，不仅仅是那些感到被抛弃的人，主动抛弃何尝不是千回百转思量后的结果。

在我看来职场的残酷并不体现在一时一事——一次被领导误解、一次被同事抢走功劳、一段时间应该得到的报酬被低估……把眼光放长远，及时总结经验，这些都有机会扳回来。职场的残酷在于，这是一场与时间比赛速度的耐力赛，时光比一般年轻人理解的走得更快，在我们还没有意识到的时候就卷走了我们的"可能性"。在年轻人的心目中很多事情是如此的理所应当，比如月入过万，比如平衡的工作与生活，但实际并不是这样的，我们能看到的成功对象之下有大多数平凡的人不尽如人意地生活，我们看不上，也不太在意。也许一代人总要强过他们的前辈，也许只是我能力不足才觉得，我只为了不让自己一生随波逐流就已经耗尽大部分力气，但我永远不会尝试理解为何要在自己的极限到来之前就放弃人生。

为什么不提前做好准备

我接触的不少职业问题中，有一大类是已经因为种种原因把人得罪了或者事情已经做错了，来请教有什么解决办法的。一般来说，冰冻三尺非一日之寒，无论是得罪人还是做错事，往往都不是一个而是一连串错误行为造成的，到结果已经出来的时候，对于这件事本身其实已经没有办法了，只能咬牙承担相应后果这一条路可选。在这种时候，我总想反问："如果你觉得这个人/这件事对你来说很重要，那么你为什么不提前去思考这些问题？"

要准备与设计的内容大致包括这些内容：

一、我的边界在哪里？

一般来说，我们还不至于高尚到愿意不计回报地工作，而我们的精力与时间又如此有限，所以我们必须在一段工作关系中明确自己的边界。这个边界既不能太小，小到"我的工作不允许其他人来检查、提问和给出意见"，从而让我们失去从他人那里获得丰富性的机会；也不能太宽泛，宽泛到"不知道为了保证绩效和工作效果的重点工作是什么"。太小容易生闷气，太大容易顾不过来而且憋屈。太多的时候我们在憋屈和爆发之间震荡，在该拒绝的时候妥协，在该妥协的时候爆发。想让自己的情绪平稳运行，就需要知道我们的边界在哪里。

二、我可以不揣测他人吗？

我们不可避免地会用自己的经验和习惯去理解他人，往往不免就陷于揣测。但人心隔肚皮，揣测实际上是一种比较被动的行为，会让我们跟着别人的节奏起舞；其次我们并不一定非要理解他人的动机才能进行合作。我经常有机会作为旁观者看着两个人在可以直接沟通的情况下跟对方猜来猜去，本来很简单的问题，开始在这个互相猜测的过程中变得复杂，并且逐渐偏离双方的初衷。

三、我准备好合理阐述自己的思路了吗？

如果我的意见不被接受，我能接受吗？有一些领导喜欢看数据和文本；有一些领导只能看着PPT并且听取汇报；有一些人虽然表示欢迎提意见，但说这话的时候全身显示出来的却是一种抗拒姿态；有时候必须认识到，有一些计划和看法，并非来自于理性和客观的态度，而是来自一个人曾经受到过的伤害和他一直未曾实践的理想。并且很多时候并不只有唯一的解决方案，人与人的见解不同，无论用哪一种方案，都会有相应的困难，很多时候谁也不确定哪一种选择通向的是什么结果。所谓圆融通达，便是能理解上面说的这一些，根据对方的特点用对方能听懂并听得进去的方式选择写或者讲,如果一次不行,也可以缓缓。好的说服力并非每次都能说服人或者在尽可能短的时间内说服人,而是让人意识到一些他曾经忽略的问题,从而自己去改变。

曾经见过一个例子,产品经理与老板较劲,他坚信老板要的产品只能进阴沟,完全是白赔钱。然后他问我,应该用何种心态对待老板。我觉得"要为产品负责"的心态是没有错的,但如果是对着老板阐述自己的观点,还得顺着老板对于产品的需求往下走,举数据摆事实,让老板自己逐渐修正看法,而不要指望一两次沟通就能让一个人彻底扭转观念。"我认为"这个词在据理力争的时候是不够用的。(如果老板坚持孤注一掷,而你还愿意合作的话,就用自己的专业知识尽可能完善这个产品。)好的沟通既带来别人的改变,也能保持自己的弹性,让自己的思路开放而能容纳他人的观点。

四、我会为了我期望的效果对即将开始的工作和交流过程预演吗?

实际上我们都会为明天要见的客户和要做的讲座做准备。但如果尝试过就知道,这个准备过程在脑中默想、形成文字计划以及对着镜子/镜头/真人做演练,实际的差异是比较大的。越是我们此前没有太多经验的部分,这种预演就需要越具体——已经讲过20遍的课程只需要培训师再看一遍教案,在思路上过一遍就可以;但如果是第一次讲,那么试讲时录下自己的表现可能是一个更好的办法。

五、我会预先跟工作相关人员讨论我的工作方法吗?

一旦开始按照自己的思路去做,再被改变就是一件很痛苦的事情,所以工作相关的各方在开始之前就统一大家的思路、工作方法,特别是对工作结果的定义是很重要的一件事。过程中的讨论和调整也无法代替最初的这种梳理与准备工作。

正如所有的规则和做事方法,在没有形成习惯之前,或许都让我们感觉不那么直接、便利。但高手永远按照自己的节奏起舞，然后带动周围的追随。见招拆招也是一种做法，可如果本身会的招数不够多、不够有效，那么事到临头便总会是焦虑和慌乱的。纯天然的沟通达人是不存在的。

我觉得在沟通问题上自己是比较有发言权的，其一，我是个内向的人，但被认为是"会说话"的人；其二，我真的有沟通演讲能力培训师的资格证。以我自己为例，可以说明会不会沟通与性格无关，也与星座无关，它是一个可以学习的事情。

"沟通"不等于"聊天"

一直以来女性被认为比男性更具备沟通能力，据说这是一种天赋，因为自古以来，女性就通过交谈来进行社会关系的连接，但我的实际经验告诉我，不会有效沟通的女性也不在少数——沟通和闲散聊天最大的区别就是，聊天可以没有目的，即使两个人都自说自话也能聊得下去；而沟通是具有明确目的性的交流，沟通的实质不在话多话少，而在于说出的话有没有价值，是否能达到说者预期的效果。

这里特别想说的一点是，群众有一种很奇怪的忌讳——大家都表示"会沟通"是一件好事，但如果公然表示"在说话之前需要设计自己说话的内容和方式来达到自己想要的目标"，就会被视为鼓吹"心机"，似乎大家都觉得这是一件不大能上台面的事。对于八面玲珑的人，我们往往羡慕此人的能力，但又怀疑此人是否靠谱。对于表达能力不好的人，我们一方面觉得这人实诚，另一方面也未尝不会鄙薄。而且大家还有一些惯性的开脱思路："他的心是好的，但不会表达""我这人就是脾气直""有些人就是能做事，但不会表达，所以很吃亏。会干的总是不如会说的！"我们就是在这种对"沟通能力"比较分裂的价值观中成长起来的。

所以到底怎么做好沟通，还得从头学起

首先，你必须明白，好的沟通就像一切精致可爱的物品一样，来自于千锤百炼、精雕细琢，从来不存在什么纯天然野生的善于沟通，凡是不过脑子的表达，必然不会是很有效、很有意义的表达。无论你学过多少关于沟通的技术和道理，最终还是要练习和行动，才能展现好的效果。

第二，沟通不见得能解决一切分歧，达到那种效果是有前提的。而且沟通需要大家在同样的逻辑和语境下进行，比如我和我妈觉得做人应当以追求"生活幸福"为目标，但如果不花时间先弄明白我理解的"生活幸福"是保持独处和充足的淘宝资金，而她理解的是"为小家庭的和谐而忙碌家务"，那就谈不上什么沟通，空谈"生活幸福"的概念就变成我俩互相敷衍。

第三，沟通的目标可以是说服对方来按照我的思路行动，但沟通如果仅仅是想说服，则很可能做不到。这是大家对"沟通"理解中最大的盲点。大部分情况下表达不一定是为了"你得听我的"，而是你听到了我的观点和诉求，我也听到了你的观点和诉求，现在来看看我们能怎么办。这个问题广泛存在于家长与子女、情侣以及上下级之间，因为"我是为你好"，所以竭力想说服对方的行为肯定不能叫作"沟通"，不管多么有技巧也是不好使的。

让对方"开口说"才是最重要的

要想有好的沟通能力，首先得分清什么是事实，什么是自己的判断和感受。我所训练过的绝大多数人（90%以上）一开始是无法分清这三者的，在这一点上男女都一样。举例来说明这三者的关系可能会比较清晰：我和我妈经常为结婚这事与对方较劲，往往她的诉求是"你结婚吧，结婚可好了，你再不结婚我跟谁都没法交代，你老了以后可怎么办"，一大拨困惑和压抑的情绪向我招呼过来。可想而知，最后这个问题会胶着在"你爱不爱我"这个问题上。她认为如果我爱她，则应该以听话来实际表现，而我认为如果她爱我，那么不应强迫我做自己完全不喜欢的事情。所以在这个问题上，我们从来都不欢而散。

如果我妈想跟我以"沟通"的方式谈谈关于我个人生活的问题，她应该这样表达："你今年XX岁了，但还没有结婚，也没有告知家里你有男友"；她的感受是："我很担心/难过/不理解"；而她的判断是："相比你的同龄人，这实在是很奇怪的生活方式。"而她希望解决的问题有可能是："我想让你知道结婚是一个很不错的选择"或者"我很想知道你为什么不肯结婚"。而敦促她来找我谈这件事的因素可能是周围亲戚朋友的各种议论让她觉得尴尬和丢了面子。如果采取这种"沟通"的方式，虽然结果还是我不打算结婚，但至少我们可以相互知道得更多，相互理解得更多，而不是大家在敷衍憋着和爆发之间来回震荡。

如果读者愿意试验一下就会知道，虽然这种表述方式看起来啰唆，但确实可以有效让对方放下戒备心而开始表达。在无数的沟通课程和教程里都会强调"倾听"，不能不说这是对的，但怎样才能让对方"开口说"其实才是更大的问题。还得让我妈来示范一下：往往她会和我爸一起并肩坐着，然后说："你说说吧，你是怎么想的？/你为什么要这样？"这种发问只会换来我的敷衍或者沉默。事实上，如果你真想知道对方为了什么，而不仅仅是找一个由头碾压对方，就一定不能从"为什么"这个句式问起。"为什么"这个问题是带着巨大压力的一个问题,它意味着一个人需要阐述观点、提供证据,得把一个问题按照对方能理解的方式交代清楚。而一个人还没有感受到足够安全的时候,第一反应就是敷衍或者沉默。我们本能地知道说多错多,当我们袒露心声时也是脆弱的时候(这是事实),但如果我只是敷衍或者沉默,很快就能让这场谈话无法继续下去,然后我就暂时安全了,当然反面就是我妈既没有达到目的,又添了一肚子气。

如果对方已经开始说了,而你希望鼓励对方继续说下去,那么沉默地听着肯定是一个糟糕的方式。当对方的陈述告一段落,应该适当地总结一下:"你的意思是XX,我理解得对吗?""然后呢?""还有吗?"这些说法也是有效的,但也会带来更大的压迫感,如果用得太多,会让对方感觉很有压力,然后再次回到敷衍和沉默的状态。

对着镜子练习说"不"

很多人会有一个比较困扰的问题就是:"我不会说'不'。"如果细细追究起来,形成这个问题的原因有可能很复杂,但我更倾向于先从行为上能做到说"不",当我们习惯了某种行为之后,也会反过来调整我们对此事的理解。所以我对此的解决方案很简单,就是想象几个你很难拒绝的问题,然后站在镜子前,只是简单地说"不,谢谢",同时调整自己的表情严肃起来而非讪笑,自己需要站得更直来显示自己是认真且有力量的。这个练习形式很简单,但一般需要数十次的练习才会慢慢习惯起来,所以这仍然不是一件容易的事情。

沟通不是"碾压"

沟通的动机最好不要是"讨好"以及"碾压",前者无法持久,后者则无法达到真正的效果。有效沟通的第一条就是双方需要处在一个平面上，无论是主动发起者还是参与者，都要意识到，每个人都可以为他自己负责。怕拒绝对方之后让对方失望/伤心/激怒，一方面要通过沟通中尊重的态度来避免，另一方面也要避免自己"我需要解决别人问题"的"上帝情结"。

往往一个有丰富阅历的人更容易做好沟通，那是因为一个人有了阅历之后更容易理解他人的想法、感受和需求，也就是所谓的人情世故。或者有相当一部分人觉得他们可以很容易地把握人心，但这些也不能代替我们和他人作为平等的双方，真正去沟通。即使我是孩子、下级、弱势的一方，我仍然可以用"我了解到XX事实，我的感受是XX，你能理解吗？"去发出自己的声音。发出声音不是为了降服对方，而是真实地表达自己，让对方认识到你的存在，让他们知道以前他们无视了你的想法和感受，而不是你的怨气和怒意。

沟通，是为了达到你想要的效果

在我理解，沟通就是为了达成自己期望的结果，以及沟通的过程中是会产生噪声和信息的损耗的。

先说好的例子，一个小朋友发来了他与领导的往来沟通邮件，这个孩子曾经因为领导开会时的各种发言感到不安和惶恐，不知道自己能否被转正，以及自己工作成绩能否得到认可，他决定弄清楚这一点。然后通过这封邮件，他做到了。

尊敬的XX，

您好！工作辛苦了！

一转眼三个月的实习已经接近尾声，虽然我们天天见面，但一直没有机会和您好好交流一下，对我的工作是否还满意？

我总结了一下我这 3 个月的工作报表，如下表：

	4月	5月	6月
XX	7	18	25
XX	14	30	
XX	2	33	
XX	33	23	7
XX		2	17
合计	56	106	49

  我知道我的工作量跟大家相比不值一提，工作成果也存在不足的地方。但是在这个过程中我也学习了许多，自我感觉工作量是饱满的。我也非常看重 XX 考试，但一直没得到考试结果，一同入职的几个同事都得到了您工作上的肯定，我也一直在思索着怎样才能追上他们，甚至因此而失眠。

  我平时不怎么出声，相比您也不清楚我每天的工作流程和状态。我每天来到公司，会一一询问 XX 有什么工作可以让我来做，我不会将他们交代我的工作留到第二天。三月刚入职的时候有几份翻译比较急，需要第二天早上 10 点之前提交，我翻译到夜里 2 点，翻译完才安心去睡觉。在比较有空的时候，我整理了自己写的 XX，按 XX 进行了分类汇总，也整理了在翻译过程中制作的各项材料的模板。

  我特别希望承担更重的责任，以此来锻炼自己，提升价值。恳请您热情指导，让我职业生涯的第一份，也是我十分看重的这份工作留下很多可圈可点的回忆。

Dear,

对于你的努力，我们大家有目共睹，顺利转正也是对你工作的认可，这点还请理解。

在职场上，经常得到表扬不一定就是好事，也可能是鞭策和旁敲侧击。当然最近一段时间对他们的表扬是出于工作之外他们更多的付出和超出我们预想的成果。没有注意到你的情绪，抱歉。

之前安排的考试，XX可能由于工作繁忙一直没有回复，我会尽快安排给你们一个评估结果的，也希望你能将制作的材料和工作成果尽可能给我展示，这样我可以在接下来的工作中尽快给你安排有奖金的工作。

在我们这个团队工作，大家都有晋升空间，不分先后，达者为先，但是以我接触这么多职场新人的经验希望你注意两点：

（1）职场上真正的技能和提升都不是别人教出来的，而是需要自己揣摩和主动问询的。主动学习的精神和能力是我对新人普遍观察到的不足的部分。

（2）职场工作，除了踏实做事，还需要对外呈现自己做了什么，学会了什么新的知识和技巧，有什么新的感悟等，这些需要让主管和同事知道，正如你发给我的这封邮件的内容就非常好，也让我知道你一直努力承担了这么多工作。

再有问题，请随时跟我单独邮件，我希望大家都有好的收入、职场生活、发展前景和幸福人生。

以上。

我相信不管他真正的工作状态是什么，在他的邮件里用事实和数据以及恰当的表达方式证明了自己的工作成绩，并且是以一种有自尊的态度平等地与领导沟通。他在为自己争取一个解释或者利益，没有人会觉得这种争取或者询问是尖锐的。他的邮件使领导严肃地正视他所提出来的问题，因此得到了领导正面的回复，尽管从闲聊中得知这个领导是一个严厉冲动的家伙。

职场中绝大多数人没资格玩办公室政治

《纸牌屋》中的政治斗争手腕在好一阵里被大家津津乐道。我觉得首先还得强调一点，我们永远不要把文艺作品当真，比如商战小说和政治题材电视剧，如果文艺作品不能够把矛盾复杂化，把冲突尖锐化，那就不好看。现实确实比那个要复杂，但也要乏味很多，因为在现实中，一件看似突然的事件往往很早就有伏线，也许是主动的，也许是被动的。所以在《纸牌屋》里"党鞭"可以宰了那些不听话的家伙，但终我们绝大多数人的一生，实际上都碰不上这么可怕的事。

我从来都承认这个"世界充满复杂性"，以及"人需要为自己而斗争"这两个观点。在我自己的职业经历中，因为办公室政治问题曾直接被人大扎刀两次（结果是辞职走人），小扎针无数。而我自己也在尽可能的范围内向领导表忠心，证明自己能干，避开可疑的拉拢，以及坚定地向自己认为不妥的人扎刀。但这些血淋淋的经验反而说明的不是人在职场中必须黑化才能生存，归根结底还是靠谱者生存。我辞职走人的两次里，整我的领导均在不到半年的时间里也下台了。看到我所不喜的人倒霉当然十分快意，但当尘埃落定后很久，我终于能淡定回首往事时，我觉得当时挨的两刀也不算完全冤——毕竟当时我负责的业务没有真正的起色。即使错在策略，但我贸然接下这样策略有问题的工作，也说明我水平不够。

所以在我看来，职场中绝大多数人其实没资格玩"办公室政治"——一不能威逼，二不能利诱（包括很多中层），怎么玩？为一时一事跟同事置气，跟领导那儿找点漏洞，起哄架秧子，心思瞎活络，这都属于格局太小、怎么也玩不明白的路数。

虽然职场远不如传说中的政治路线险恶，但有一点是共通的——无论晋升还是资源，都来自上级，没到一定层级，掌握不了足够的信息和资源，就没有力量支持你（所谓撑腰），只有被人玩的份儿。

实际上我也觉得忍不是个事儿，但在瞎狠和瞎忍之间其实是有"中道而行"的缝隙的，这个缝隙在哪儿，以及是否找得到，取决于一个人的能力素质、眼界以及格局。"狂者进取，狷者有所不为也"，这是个需要平衡的微妙问题。一个人许的愿太大，比如人在基层就致力于为总裁提出战略思考建议，那不用想，结果肯定是一脚踏空；但如果一个人的志愿太小，只盯着自己平级几个人看谁最会威胁自己，那差不多可以肯定升不了官，最多耗死在中层业务管理者上（即使也会管理几个人，但仍然是以直接管理业务而非团队为主）。怎么能做好还是老生常谈：在自己的岗位上首先做到靠谱，让人觉得你有章可循、可以信任；然后做出自己的亮点。一定要遵循这个先后顺序。

这些年也见了些客户，最喜欢玩政治的是大企业，包括国企和外企，部门经理到总监或者处长这个层级的中层管理人员玩点政治也可以理解：第一，有点空间捣鼓事和人了；第二，上头的位置看起来更近了。更基层的岗位，从我个人看来，则只有被选择的机会……

我见过最多的还是民企老板以及他们请的经理人，当跟老板沟通的时候，总能感觉到他们谈起企业都有两个特点——"专注和直接"，绝对不装。跟经理人沟通，一般就是我们跟他们对着装，各自显示各自都特有能耐、特懂管理……当然，能请得起我们的老板起码是挣钱的，而且是希望企业能够进一步做大做强的。其实要说私德，这些老板有些挺好，有些不怎么好：有非得搞个政治地位的官迷（当然也有需要保护企业少受骚扰等客观原因）、有玩女演员的、有嗜酒的、有好赌的……但刨除这些问题，这些企业的崛起首先是因为赶上良好的发展大势（8%增长的实际意义以及载体），其次是这些企业家的开拓精神以及务实能力，做人家所未做、为自己的企业殚精竭力、能屈能伸，对于这些不服不行。咱们看办事窗口一个脸色就得上微博骂骂咧咧，整个人一天都心情不好，而他们即使心里不爽也得各种勾兑，并不会把精力浪费在这种问题上。

所以有时我们觉得这个世界太复杂，包括我自己做过的一些事情，其实都属于明知作死还要尝试的范畴，例如想硬干自己资源不足的事情，又或者在顺风顺水的状况下拷问自己生命的意义何在；在该进取的时候不作为并诿过于环境，在该有所不为的时候却焦虑躁动停不下来。

与下属相处的原则

Lesson 7

我们面临的新一代工作者已经在意识上和知识面上和以前不再相同了，他们有更多的知识，心思也更活络，但如果管理者的能力始终只停留在管理"来自农村、听话、需要钱、忠诚、能吃苦"的这种员工的话，就并不能算是一个合格的管理者。因为自己管理能力不足而不喜欢看到新一代员工更有自我意识，这是一种私心。

我觉得一个管理者应有的素质包括但不限于：公心、足够的阅历、一定程度的专业能力、管理技术、良好的人际敏感度以及优秀的沟通能力（包括一对一和对公众演讲）。

管理工作不是件容易的事，其中最难的大概就是如何在处理问题上少一点私心，多一点公心。管理工作需要的是从通盘考虑的公心而不仅仅是自己的位置和油水，最低限度至少也要有带领自己部门一起走向胜利的担当。随着职位的提升，所需要考虑的目标则更大，需要匹配的资源也愈加复杂，一个公司的管理人员里如果大半只在意个人得失，那么必然的结果就是公司效率低下，员工揣测领导多过揣测自己的工作目标。

近些年整个管理行当，不分中外，对于组织设计的思路都走向扁平化，而近十年管理软件的发展对于企业信息化的支撑，也确实能够实现对于企业人财物信息流管理的统一。减少管理层级的好处看起来是让企业的指令更容易传达到基层，而一线对于市场的反应也能更快速地传递给高层，以便让其做出应变。但这并不意味着从总经理到中层各层级人员的压力降低了,反而是要求更复杂了——既要激发下属的能动性,又要优化工作设计,让下属可以更简单地完成工作。管理者需要在这两者之间转换,并找到平衡。从总经理开始,必须层层负责相应的业绩指标,然后转化成真正可以实行的工作计划,并且一步一步带领团队去实施。

管理书籍上会描摹出一个纯粹的好领导形象:给出目标、给出方法、给出反馈和积极的引导、给出激励、扶上马送一程之外还给出创造的空间。

这件事看似不难,但要实现是有一个隐含前提的:"下属都是合格胜任、有进取心的人。"而实际管理问题的难点恰恰是大多数下属都是不好对付的普通人:有上进心的同时惰性也不少、希望被人看重但能力有限、目标高但能力提升慢。我觉得管理中既有意思又最痛苦的部分大概就是,其实普通人并没有一般认为的那么在意钱。相对于改变自己的痛苦来说,很多人可能都没意识到他们愿意拿少一点的钱,操少一点的心。虽然管理工作者能从理论上解释激励员工要精神文明——给予鼓励、关注和尊重,并让大家感受到参与竞争和获胜的感觉,以及物质文明——福利、奖金等,两手都要抓,两手都要硬。但落实到实践中,每个人对不同维度以及不同维度组合的感知差距却如此之大,也着实让人挠头。要知道围绕一个目标工作到底怎样应该划分和组织,就必须了解下属的特点,根据实际能力采用不同的对待方法。

作为管理人员,首先要意识到和下属相处并不是私人层面的问题。无论你所处的组织文化特点是什么,无论处在组织的什么层级,管理者的决策都会对下属的工作产生巨大的影响。因此管理人员并不适合与下属交朋友,因为我们很有可能会把感性而混乱的情绪、不成熟的观点带给朋友。但下属对于管理者的期待是带领我们挣钱和发展，让我们相信你会在关键时刻支持我们，你能解答我们的困惑。

因此，各层级管理人员必须不断地根据自己承担的业务目标去调整自己的状态，不能轻易诉苦，不能轻易说"不能"，这其实是一件辛苦的工作。不能轻易让自己的下属去试错，如果一件事必须试错，就要在决策过程的初期让他们参与意见。没有什么比士气的折损更影响管理权威了。

但从长远来看，作为管理人员必须培养下属，否则之后无人可用。管理者必须习惯让别人产出工作成果从而实现自己的工作成果这个模式。

从日本人写的书籍里可以看出来，为什么5S这种看似简单乏味的管理模式会成为经典。5S的最后一个要素是素养（Shitsuke）[其他4个要素是：整理（Seiri）、整顿（Seiton）、清扫（Seiso）、清洁（Seiketsu）]——通过数年如一日地整理现场、将无用的物料拿走、将多余的移动和工作动作去掉、在整个过程中最终实现人员素养的持续提升，最后达成整个工作理念和行为的固化，从而长远深入地影响着企业的发展。即使是国内的标杆企业，无论是海尔、华为还是海底捞，如果不是日复一日地打造与其管理理念相适配的管理制度与财务制度进行支撑，也不会成就今天民营企业中里程碑的地位。

对于年轻领导来说，10个人以下的管理是一个层面——在此时需要懂得聚拢人心、组织资源以完成目标；20～100人是一个层面——此时需要懂得授权、管控与指导的平衡，以保证完成目标的过程受控；再往上走，就通常是小老板或者高层管理人员了，管理幅度也许反而小，需要的又是不同的能力。走在（走向）领导岗位的年轻同志，也有一上手就顺风顺水的。但如果不顺，大概会有这些原因：

一、既不受命，又不能令

走在或者期望走向领导岗位的人，最容易折在这个问题上。为什么民营企业里非常容易出现老板一竿子扎到底，直接干涉基层运作的情况？中层人员为什么被架空？老板的人品和风格固然是一方面原因，但中层管理人员意愿与能力跟不上也是很大的原因，他们可能在心态上质疑公司和老板策略的科学性，或者行动上无力有效实现公司和老板要达到的目标，更加可能的是两者兼而有之——既不喜欢自己上级指示的方式，自己又没有一套可以出效益的管理办法。说白了，知识分子开买卖不易成功，就是脑子里道理太多、太复杂，心眼里还放不下自己的私人利益计算——这样的中层领导出现一个，就会带坏部门一帮人，顺手还能砸倒周边一片，但往往还觉得自己如此无辜，全部是被外部恶劣的环境糟蹋了。

我想特别说明一下，这第一条适宜用来自省而非用以打击他人，一旦想用此条攻击对手，我不敢说对手问题多大，但打击者自己必然在这个问题上跑不掉。

二、慈不掌兵

这是新任领导最容易出现的问题，说这个问题的文章也汗牛充栋。应该这么说，成功的领导性格各式各样，手段也各式各样，但没有原则的领导是完全没有可能成功的。谁都想做一个容易让人接受的好人，但身为领导就注定了必须以目标和原则衡量事与人，有所取舍，必要时候对上必须能扛住压力坚持应有的道理，对下也能有挥泪断腕的决心。现实中暴戾的领导虽然讨厌，但因为管理效率高，带来的后果反而比没有原则的领导让人更舒服一些。

这第二条道理并不难，但很多人做不到，包括某些已经任中层很多年的人都做不到。如果部门不大，并非企业要害，企业也在持续高速发展的时候,其实你好我好大家好也不是什么大问题。但这一点在生产和销售部门将是致命伤,没有身先士卒的表率、恩威分明的原则以及令行禁止的铁血手段,就打造不出能打胜仗的队伍,这个无须怀疑。

三、缺少方法论

成功学畅销培训界10年有余,这不得不说是实业界和培训咨询界共同的一种悲哀。一个中层领导不会激励人心是一种失败,不懂得专业只会喊口号是另一种失败,只喜欢亲力亲为做专业还是一种失败。管理在成为一门艺术之前必然是一种技术,管理实践者不需要成为理论高手,但对于理论上已经有的、他人应用过的工具方法不去尝试而仅仅是凭感觉摸索,则是对自己的浪费。

成功学是我非常熟悉的一个领域,因为我曾经在一家以执行力为主要业务及文化的公司服务了很长时间。我不否认成功学有其正面的意义,尤其在销售团队士气鼓舞上有不可或缺的作用。但作为领导者一定要认识到,文化感召与制度建设两条腿缺一不可。处理企业管理事务的时候,把"狼性""态度决定"放在文化层面直接做感召并无问题,然而必须在文化后面设计强管控的模式,即以工作流程实现岗位对人员能力的要求,并以制度强化公司人财物信息控制平台。每个所谓提倡"狼性"的公司背后,一定有这样一套强管控体制作为基础,否则狼崽子养大了有一天反噬怎么办?

管理工作中最重头的工作大概就是成为一个号令一出、众人皆从的人,管理文件、制度甚至公司文化永远不会因为已经被写出来就自动运行。一个管理人员必须用自己对人的理解、对业务的掌控去推动每一个人都来承担自己的一部分职责。这是管理中最有成就感的部分,也是比较难的部分。坦率地说,现在大部分工作者并没有真正完成职业化的进化,觉得工作是给领导干的人、能偷懒则偷懒的人、不求上进的人、对自己和他人的工作价值没有正确认知的人，甚至缺少基本的待人接物素养以及工作方法的人并不少见。所以作为管理者，一则要有业务水平，掌握管理工具；另一面还得有足够的耐心与对人心的体察力，而管理首先还是要解决人心的向背问题——以人格魅力、共同富裕的愿景和未来的成长空间等来导向。赏罚需要分明，但如果需要罚的地方太多，那问题必然不在具体而在整体。

德鲁克曾经说过：如果没有运转正常的独立性组织，我们就无法拥有民主。专制将是唯一的宿命。在我们这个"组织化"的多元社会中，如果组织无法各司其职、独立自治，我们也就不会享有个人主义，人们也不会拥有一个能为他们提供实现自身价值的社会。相反，我们会把自己禁锢在任何人都无法独立行事的困境之中。我们有的只能是斯大林式的极权主义，而不是大众参与式的民主，更别提随心所欲地自由行事了。

管理确实就是如此神圣的事业。

跨部门的沟通

Lesson 8

跨部门沟通最主要的形式是会议，另外一种就是按流程来流转工作中的信息传递与沟通。职场中跨部门的沟通与配合几乎是最大的难点，因为很多时候会牵扯到"谁来承担责任"这个重要问题。因此跨部门工作中很重要的一点就是所有操作都要"留下痕迹"，这样所有的工作结果才能做到可追溯。

在跨部门沟通的过程中，效率最低、风险最高的是"只以私人的形式"去做一对一沟通，因其会增加误解和扭曲的空间。你就一件事分别跟 ABC 私下沟通，并觉得达成一致了，接下来如果后续合作顺利，则皆大欢喜；但如果 ABC 三者的理解各不相同，或者在实际操作过程中因为这样或那样的原因带来后续工作中的进度、质量等问题，此时敦促也好，追责也好，绝不会有人认账。

所以跨部门沟通必须以正式的会议进行思路统一和确认。尽管可以通过一对一的方式做事前的沟通和意见征询，但沟通和协作的达成必须要通过会议、会议纪要以及会议决议等方式及书面文件进行确认，并且依据这些书面文件对进度和办事结果进行督促和检查。

会议本身最大的效用是统一思路以及确认这一点的仪式感。如果直接将矛盾投放到毫无准备的会议上解决，只会导致非常常见的"议而不决、决而无用"的结果。因此在会议前要准备好资料，并请各方事先准备方案。此外，对难点问题和难点人物的一对一说服也是非常有必要的环节。

在跨部门沟通中,如果你的计划利于整体改善,但对其他部门的具体操作者来说会增添麻烦(往往都会),就会遭到强烈的抵抗。特别是财务、行政和人力资源这样的职能部门下达的要求,往往是从规范管理的角度出发,但对一线员工来说,却不能立刻看到好处。在这个过程中,不存在真正的"我也是为了公司的业务好,所以其他部门应当配合",没有一个部门负责人不看重本部门的责任和权利问题,所以大多数时候还是需要博弈。博弈中最重要的一个环节是信息的收集与掌握,谁信息完整、准确、权威,谁往往就是最后的博弈赢家。

起薪和加薪

Lesson 9

当前有一个比较残忍的人力资源实际问题:新员工的薪资往往比老员工高,也就是说如果跳槽,会比在原单位一直积累资历带来更大的加薪幅度。这是由市场上没有足够多的胜任人员造成的,所以努力积累经验和资历仍然是一件对加薪很关键的事情。

目前已经有越来越多的年轻人开始要高起薪,这个现象到底合理还是不合理无从判断。从结果上来说,求职者找到了工作就说明自己开价基本合理,企业找到能用的人也说明企业开价基本合理。一般来说,一类岗位的起薪有一个相对固定的标准,比如前台,当前比较普遍的是 4000 块钱起薪,也不是没有开到 7000 的,但多半要求"必须是美女"。企业与个人在薪酬上的错位感在于,企业是从自身支付能力来考虑薪酬的,而个人是从生活成本角度来考虑薪酬的。所以个人往往觉得少。

国企薪资不一定高,但胜在体面、稳定、编制、户口等因素,谈判空间并不大;外资、大型民企和互联网企业一般薪资标准比较透明,有心人了解不难;比较复杂的是一般中小民企,大量中小型民企基本上看老板怎么想,有薪资体系但谈不上特别科学规范,而且对普通岗位确实开不出什么特别好的薪酬,只能向关键岗位核心团队倾斜。

在就职前谈价钱只有一点要注意,不要跟第一轮给你面试的同志谈——一般来说这时候的面试官没有资格报价,跟他谈除了激怒一个权限不足的可怜家伙不会有任何意义。即使他问起求职者希望的薪酬,也只不过用于淘汰那些薪资期望差异太大的人,之后会有一个正式的谈薪酬的环节。

但谈薪酬只有一个回合,有一个开价被人接受之后就要认账的问题。有时候自己的开价被人一口接受会觉得"我是不是开低了",然后希望再去谈一次涨价,这种会引起比较强烈的反感,这反感还不是直接跟要多少钱有关,而是"万一哪天他在一个关键点上再来勒索涨薪怎么办"的不信任感。

有很多人都在要不要主动跟领导谈加薪这个问题上犹豫。原则上如果公司薪资制度完善,那么依照制度,会有根据资历和级别进行薪酬调整的机会,如果在生活成本大幅度上涨的情况下,会通过普调来解决员工的生活成本问题。这种情况下,在规定的周期内按照制度是可以提出申请的。

但更多中小型民营企业没有系统的薪酬政策,而且有一种比较微妙的情况就是"老板都自认为有伯乐之眼",认为你的贡献他是不会忽略的。但有时候又确实是会哭的孩子有奶吃,默默不吭声的人会被认为已经满足了,并没有更高的要求。

所以如果一定要谈加薪,需要天时地利人和兼具:首先要确认直接领导是站在你这一边的,如果你平时也不常与他沟通,那最好还是谨慎一些,无论他是否有权给你涨工资,他对你的工作评价都至关重要,而正如我多次说过的,人不太可能做到完全客观,一定是有感情因素在内的。

其次你的工作表现一定要配得上你要的价——既然已经在企业里工作过一阵了,那么各种明规则、潜规则也应该弄清楚了。一定要确认你的辛苦和成绩确实是对公司有价值的那种,而不仅仅是你自己的认同。

然后就是说辞问题，一般来说只有美式文化才会鼓励这种为自己而战的行为，当你面对一个典型中国老板的时候，最好在他心情美好的时候先询问他对你的看法和建议；然后再简单说说自己的工作成绩为公司带来的利益；最后陈述一下你对加薪的期望——不要抱怨自己以前薪水太低、不要抱怨你的生活艰难、不要抱怨某人没你能干但比你挣得多，简单陈述一下你的目标并求得领导反馈就好。

很简单吗？其实很简单。但难点在于，你确信真要这么做以及情况真的如你自己认为的那样吗？就我所见，职场上或许有不公平，但大范围看，怀才不遇也十分稀有——确实，我们喜欢把自己评价得更美好一点。

Lesson 10 三十岁这个关键点

从职业发展规律来说，一个人的职业习惯养成基本在进入职场的前三年。之后开始形成对于处理问题能力的积累，对于人情世故阅历的积累，并逐渐发展对岗位专业知识技能和行业业务模式的积累。要实现的结果是能够从完成简单问题的处理，到完成复杂综合性问题的处理，再到完成对发展趋势的预判和处置。

所以招聘者在面对30岁上下的求职者时一般会觉得"可能会更稳定""有一定经验"，但也会担心"冲劲会不会已经不足了"以及"会不会有更高的薪资要求"，期望"能用他较为成熟的经验来解决本公司的问题""能够带领团队或传授经验"，而女性在这个阶段会被格外注意婚育情况。这个年龄点会给不少人带来忐忑的感觉，觉得自己已经逐渐不能任性了，但又没有到资历老成可以笑傲江湖的阶段，投简历求职似乎显得跌份儿，但等工作机会我上门又不是想有就有。

对于年轻人来说，30岁可能是一个遥远的数字，在20岁的时候往往会认为自己在那个时候应该已经功成名就、财务自由了，但大多数人并不会做到这一点。虽然世上不乏大器晚成的例子，以及在30岁后改行、迁徙、学习获得更好成就的例子。但对于大部分人来说，在30岁之前如果没有找到自己可以稳定发展的方向的话，在30岁上下的时候求职会比应届生更难，如果在这个时候转行则必须有很好的理由来证明自己可以胜任新岗位，而且往往还得接受降级任用的结果，从而直接影响到收入问题。

职场晋升有两种，包括管理晋升和专业晋升，前者的典型路径是：员工→主管→部门经理→总监→副总；后者的典型路径是：助理工程师→工程师→高级工程师→专家。原则上无论从哪个角度来看，做管理都比做专业有更好的收益，但确实有很多人从意愿、能力或机会上来说，并不是最适合走管理路线的。

所以如果读者中有立志做管理工作的，的确需要注意30岁这个时间节点，从工作后的2～3年就要注意寻找机会进行管理能力的养成——基本上管理8个人以内是一个难度，管理到10多个人的时候就会发现团队的诉求变得比较复杂，只用个人对个人的沟通方式会变得很难很累，就得专门学习一下管理技术并不断在实践中调整了。这里有一个感觉和意识培养的问题，30岁之后仍然可以培养管理技术，但管理的意识和"手感"过了这个阶段之后便很难有本质突破。

如果你要问我当领导有什么好，我必须得说当领导的好处还不少：加薪幅度是最容易看到的；其次是可以站在更高处的视野来看问题，这是在操作层面无论如何资深也无法做到的；还有就是公司内外资源获取及整合的机会也会很多，以及相应而来的成就感等。当然随之而来的是责任和风险，以及工作处理不好就会出现的"两头难以讨好"的局面。

有很多人大概会觉得"我既不想被人管，也不想管人"——不好说这个理想太天真，但除非是个体户，对于绝大多数岗位来说这就是一个不现实的理想。一个组织的总体经营目标和责任必定层层分解到每个人头上，组织才能正常运行。个人获得舒适生活的逻辑和组织高效运转的逻辑从根本上就是不同的。

但也正是因为组织有这样的逻辑、架构以及运营的规则，才让你我这样普通个体的力量集合起来，产出效益，甚至从我的角度来看，这是管理富有美感的一种体现。虽然一个企业的管理能力从来都不能凌驾于经营能力之上,企业是否出色、是否发得出高薪,更主要的是取决于是否踩准了市场的脉搏做好经营,但没有管理能力的骨骼支撑,经营规模与能力的扩张就会受到局限。"人"是企业最不可测、最不好管理同时也是最有潜力的资本,"人"的管理永远是企业所关心的命题以及发展关键之所在。所以任何打扮成"以人为本"的管理,背后也永远深藏着"泰罗制"的灵魂——"如何设计让员工更高效地产出的制度"。

Part 4

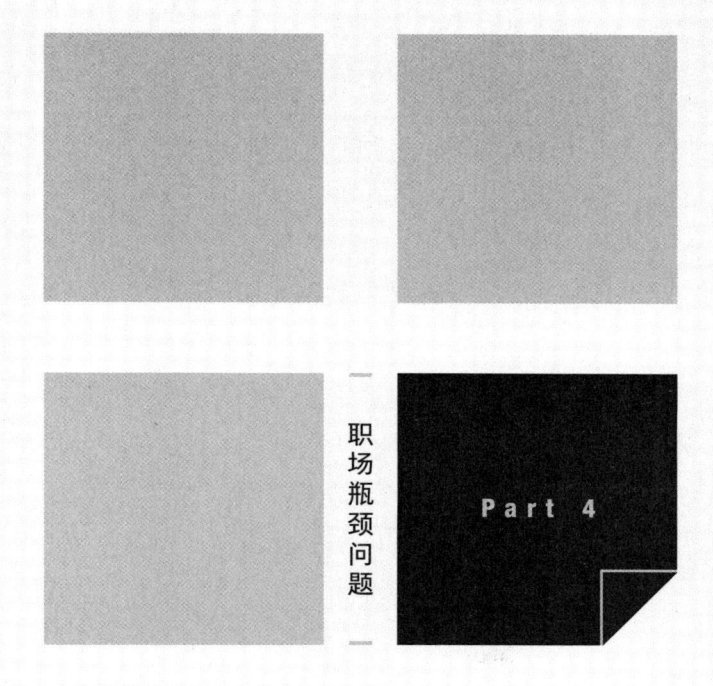

职场瓶颈问题

Lesson 1 找不到自己喜欢的工作怎么办

最近看到很多关于工作的吐槽，其中有在事业单位工作但想跳槽的，比如"我的工作没有任何发展空间，我也不喜欢，只是一个饭碗，我想找到自己真正能安放心灵之处"；也有刚毕业的孩子琢磨央企和北京市属国企的区别，以便知道什么是更好的平台，问了很多关于什么是更好的工作的问题，唯独不问"我能做什么"；也有做得顺风顺水的好员工总在闲暇问自己："我工作的意义和价值到底是什么？"还有来自领导的咆哮："他嫌自己的工作没有挑战，每天只是虚耗时光，可是给他新任务或者学习任务他又懒得做。"

说真的，每当我在上下班的路上匆匆而过，总好奇我所见的人里有多少觉得自己所做的工作配得上自己，并给予了自己值得的回报？虽然我做着一份自己还算喜欢也算擅长的工作，但对于很多人来说，与这份工作的内容相比，薪酬是远远不足的。从我们招人如此艰难就看出来了。这是一份有能力的人不爱干，没能力的干不好的可怜工作，能留在行业里的还真是真爱。

我觉得大部分人可能都误解了工作的价值到底是什么，以及工作的价值和我们自身的价值到底是什么关系。自我实现是一种发自内心的感受，来自于我们成功的感受和对自己的期许，它与一个人身处何种单位与岗位关系其实不大；而工作是另一个问题，在工作中我们通过自己创造的成果换取收入，用收入来维持自己持续的劳动能力，并用收入的一部分投资自己以便进行产能的提升。赤裸裸的市场交易才是工作的底色。

不管喜欢还是不喜欢这个事实，绝大多数人找不到自己喜欢的工作其实是一个常态，因为我们很少会去仔细界定自己"喜欢"的是什么。比如我们经常认为我们喜欢看电视剧、吃美食、打游戏等——这些虽然很好，但却是不太需要门槛的享受，也因此我们几乎不太可能因为喜欢这些而成为传说中的"人才"，进而成名发财。

有时候我们找不到自己喜欢的工作是因为我们喜欢的那些工作喜欢比我们资历更好的人；还有些时候是因为我们从来没有真正深入某项工作，来培养对工作的爱好。喜欢的工作和可心的爱情一样是可遇不可求的，得之我幸，不得就得靠经营——对于大多数人来说，培养一技之长比寻找"喜欢"的工作具有更多可操作性。

各种各样的工作内容根据不同企业发展需求的组合，最终呈现给我们的是市场上不同的工作岗位和工作单位。大体上我觉得市场规律是公正的，你是什么样性格与能力的人，你就呈现什么样的工作特点，然后因为这些特点找到相对应的工作。我们有时候会觉得工作辜负了我们，我们如此努力，而工作却没有给我们带来相应的回报、安全感、荣耀感以及自我实现的满足感。我想说，还是放过"工作"吧，也放过自己吧。你干还是不干，一个岗位还是默默地在那里，只与企业发展的目标相关，却对你的感受无动于衷。

Lesson 2　在工作中感受不到价值怎么办

　　工作的价值感往往来自两个部分，第一个是投入工作的时间精力带来的充实感；第二个是通过工作成果的呈现带来的被肯定和称赞的感觉。亚伯拉罕·马斯洛（Abraham H. Maslow，美国社会心理学家）还谈起过一种神秘的"高峰体验"，也可以理解成我们说的成就感。但无论是哪一种价值感，基本上都不会来自"被迫工作"，而来自于自己的主动完成与成长的感觉。

　　学而不思则罔，思而不学则殆。我在学生生涯没领会过这个精神，却在后来的工作中慢慢对这句话有了点体会——如果只是别人叫我做这个就做这个，叫我做那个就做那个，结果就是我累觉不爱；更糟糕的是我会天天琢磨别人叫我做这个就做这个，我活成这样会不会太没面子了？凭什么啊？他哪里比我强啊？我该怎么对付他啊？为什么别人都干得少却比我生活好啊？结果就是我既不出活儿还累觉不爱。

　　其实到现在我也没完全克服这个问题，我一想到还没有发财就焦虑，总想有没有什么好办法一揽子解决算了。但直到今日我也没有找到这个好办法——最后结论是稿子还得一篇篇写、业绩目标还得一个个地干，告诉自己集齐88个客户之后我就能"召唤神龙"让我出名。

　　很多时候我都觉得向我咨询职业前途和职业价值感的同志，属于想得太多而具体事情做得不够的类型。但当我提出这个意见时往往会遭遇强烈的反驳——咨询者会举出各种例子说明我绝对是棒棒的，吃苦又耐劳，干的活也很经得起检验。我觉得说到这里，问题其实就僵掉了，其实我并不想说谁不好，毕竟我很难去了解一个人的全貌，但坦率地说，如果一个人已经足够好了，那么多半也不会来找我问"我对未来觉得迷茫怎么办"。我怎么说都是无所谓的事情，但如果一个人不能对自己承认确实还有很多事情可以干，或者干得更好……那么从哪里来的动力去推动改进呢？

又有很多人说，我的工作简单重复，我看不出有什么值得投入并且出彩的地方，可是我确实见到过让人眼前一亮的行政助理、快递员、淘宝客服、自行车修理工和送水员。亮点就是那种对待工作精神奕奕的状态，让我见到他们就精神一振。我家附近有个淘宝店的实体店，所以在他家拍完东西我会溜达过去提货，原来他们家有个男生客服，每次一开门就能叫出我的名字，然后当着我的面拿来东西清点打包。最近一次半夜拍下宝贝之后我照例说自取，然后发现旺旺另一边是老板本人，于是顺口问起这个小客服还在不在，赞美了一下。老板顿时开始哭诉："你说的那个孩子辞职啦，回家乡和朋友开洗车店啦。我的好助手啊，聪明勤奋啊！左膀右臂啊！一个月5000块也留不下来啊！"好吧，就算在北京开5000块月薪是不算多，能干的人迟早自立门户这也是事实，但离职之后还能让前老板感觉怅然若失的能有几人？如果能做到这种程度，真的会担心"我不知道自己发展方向在哪里、我怕现在的辛苦都白费、我觉得不够充实、我的长处没有得到发挥"等等抽象而焦虑的问题吗？

广告名人乔治·路易斯写过一本《蔚蓝诡计》，里头有一个段落让我印象很深。作者的某个客户老大鲍姆让某个酒保调了一杯血腥玛丽，调好之后问酒保："这是你能调的最好的血腥玛丽吗？"酒保肯定了之后，鲍姆让酒保自己尝了一口，酒保品尝之后说："相当不错。"鲍姆问酒保："你能调一杯更好的吗？"酒保重新调了一杯然后又一次被要求品尝，然后说："它是完美的。"此时鲍姆说了一句："为什么你不第一次就这样调酒呢？"

这年头凡是敢跟员工这么说话的老板都会被员工差评无疑，事实上高压也不一定就能带来稳定优秀的绩效。但我觉得每个渴望成长的人都应该这么问问自己："这是我能干出的最好的活儿了吗？"当然今天干出的最好的活儿，可能明天或者后天我们自己也觉得还不够好了，这说明我们在成长；也有可能我当前干出的最好的活儿了，但客户还不满意（比如我的文章常被嫌弃实操性不足）；还有可能那个家伙一般水平的活儿也比我现在干的最好的水平强；更有可能的是虽然我已经干出我的最好水平，但还没有得到足够的认可和回报。但如果自己都不能扪心自问，然后毫无疑义地回答"这就是我干出最好的活儿了"，那么我们的活儿和人都无疑不足以强烈到影响他人、打动他人。我们只能用还没有完全消耗掉的精力去问，我该怎么谋得一个好的未来？

我觉得马斯洛理论一直多少被大众简单解读了，基本上被引用都是为了"马斯洛证我"用的，不管是为了证明90后不买房，还是论证应当实行严厉KPI（关键绩效指标法）。马斯洛理论的基础来自研究那些成功的标杆为何能够成功。著名的层次需求理论其实最主要的并不是想说明人吃饱了之后才会有精神需求，而是真正的人生赢家都在"自我实现"上有很强烈的需求，而这种需求与"巅峰体验"会引导人一步步走向自己命定的方向。我个人以为其说不上是多么科学，而是更类似信仰。我信一个人来到世间有命定的使命，如果没有努力去实现，那么就有一部分精神始终得不到满足，即使生活无忧甚至富足。这没有道理可讲，只是信仰。

我其实也不反对彻底地相信丛林法则，信金钱至上以及信人生应当快乐自由，各种信都是很好的，只要在行为上也能一致地贯彻。如果你的想法和你的行为一致，那么迷茫和痛苦就没那么多。

遭遇办公室政治怎么办

Lesson 3

办公室政治问题其实没有一般人想得那么险恶，大多数时候都到不了"一着不慎，满盘皆输"那个程度。很多时候我们认为是被小人陷害了，其实只不过是互相看不顺眼，然后不断在这个印象上积累叠加。

但办公室政治本质上无可避免，有人的地方就有江湖。据说江湖上有开了天眼的能准确揣测别人的心意，我可没见过。我接受的训练是不要试图揣测人心，因为这几乎不太可能准确，除非你的阅历地位都超过你所揣摩的那个人，可到了这个境界似乎又没有什么揣测的必要了。你希望达到什么结果，只能用你积极的行动去影响。比如，与其揣测领导的好恶、领导一句话里有没有意味深长的内涵，不如仔细观察领导日常的行为，把事情做到领导的眼里和心里。建立信任之后，很多事就没那么难了。

想跟领导搞好关系其实跟追一个姑娘有点像，你要关心领导抽什么牌子的香烟，开会爱用什么风格的稿子，喜欢哪一种人或者物。如果领导在工作中有不足和疏漏，一定要用自己的长处去替领导周旋完善，领导做报告要记得鼓掌，领导关心的事情要做得漂亮，连领导家娃的事最好都能惦记着，时常嘘寒问暖……眉间心上要惦记着，要用一颗赤诚的心，情愿变成一只小羊……

什么？你说这个样子太贱了？嗯，有点儿……其实我一直觉得某些谐星好贱，但我喜欢。关于职场上的事，不论行政单位还是私营企业，搞好跟上级的关系绝对是必须的！

什么？你说同事会看不起你？肯定有那种红眼病、是非小人啊……问题是就算他看得起你，管饭吗？管你娃学费吗？

也许你会说，老子就是接受不了。那其实也不是没有其他办法，你能把自己打造成业界红人威震一方不？最起码也得有名猎头主动上门低三下四……

啥？你说你没这么牛，你就想过简单的人生？那还有最后一招——无欲则刚。既然你都已经低成一块地毯可以随意踩了，别人还有啥可跟你过不去的……把工作做到合格，剩下该玩游戏、喝茶、炒股、给孩子挑学校什么的您随意，有名有利不上去争，但求无过，平稳最高。

"站队"是个很现实的办公室政治问题，但发生的概率并没有那么高，一般来说在成立时间比较短（比如5年以下）的公司里，这个问题不算严重。至于说有没有"站队必胜"的秘诀——没有，这并不属于能靠几条原则来指导的范畴。原因是中长期预测不管谁来做都无法保证准确，越长越不能。万幸的是，在职场中站队失败损失的往往只是利益，多半还不至于见血。如果身为玩家之一，只能说基本原则是：如果站队就要坚定地站队，摇摆是没有好处的；越少的纰漏与把柄被对手知道越好。这要求做事稳妥细致，前后思量，环环相扣，此时风险管控比锐意进取更重要。

职场政治多半还是利益之争——如果资本雄厚，当然可以见到"马太效应"；略逊，至少可以给他人利用而获得回报，所谓双赢；或者干脆不争，那么就天下太平。何得何失，存乎方寸。问问自己，是风动？幡动？还是心在动？

该不该跳槽或者是改行

Lesson 4

如果这个问题在进入职场的头一两年问，我觉得基本上不要犹豫了，追随自己的初衷，勇于尝试就好。虽然这种尝试可能是盲目的，但在工作的早期试错成本很低。在这个时候选职业就像选爱人，有没有爱情很重要，但还得看看是不是有一个美好的未来。一个在生死线上挣扎的公司，必然不太能够善待员工，员工不被善待就会讨厌老板、讨厌公司、讨厌工作。所以，喜欢一家公司凭直觉就够了。但如果想跳槽，要先想想自己到底是什么理由。

常见的理由包括：

1. 钱少；

2. 看不到自己有什么前途；

3. 学不到东西；

4. 勾心斗角，防不胜防；

5. 直属领导是个蠢货或人品差；

6. 沟通成本太高，各种推诿，想办点事特别难。

如果不幸遇上了自己不喜欢的公司，真心不推荐忍，但选下家要慎重，不能略多几个铜子儿就从了，好歹也得情投意合。

如果已经有 3～5 年的工作经验，再跳槽和改行的成本就大了很多。倒不是难在岗位和行业的转换，有心人学这些技能并不会很难，绝大多数工作主要还是熟练工种，沉下心来，多数岗位工作都能上手，难点在于如何跳过最初简历筛选那一关，并且把之前的经验和阅历转化到新工作上。很多人在这个阶段会有一种上不上、下不下的别扭感觉，如果在现状上忍了，那么未免太憋屈。到了这个时候，一方面需要学习达到更高层面所需的技能和综合知识，另一方面能改变这个境地最有效的办法其实是通过人脉关系获得更多的机会。

然而人脉关系的培养又在于日常中让人觉得"靠谱"，也就是"建立自己的个人品牌"，大概包括看起来干活有效率、思路清晰、有上进心，人际交往上也让人放心。然而"看起来像"也并不是那么容易的事情，能做到这样，需要日复一日做专业的事、说专业的话。事到临头才求人、才找通关秘籍，会非常麻烦。

为什么晋升的不是我 Lesson 5

晋升与加薪不同的是，加薪可以靠资历，但晋升一定是自上而下的选拔，也就是说领导说你行你才行。无论同事有多喜欢你，你感觉自己的专业有多好，只要领导没有认可或者"信任"你，都是得不到晋升的。看起来似乎很不公平，为什么一些人能决定另一些人的方向与前途？然而企业经营和管理从来不是为公平而存在的。

曾经在客户企业里见识到国企改制过程中的员工分流，三位财务经理有一位要留在老单位，两位会去剥离不良资产之后的新单位。最后的分流结果出来的时候，员工哗然，觉得其中有黑幕，居然让其中资历最老、和其他员工关系最好的一位经理分流到老单位。

然而我作为旁观者的理解是，另两位经理在工作的表现确实比他要好：其中一位年轻，刚过30岁，事事亲力亲为，不懂就学；另一位是老油条，看着他本人不忙但部门业务能力是很过得去的，能把下属几位用得非常到位。而分流掉的这位老经理，除了资历老、没架子、跟一般同事相处甚欢之外，业务水平及管理能力都很平淡。当然另一个理由大概是他更接近退休年龄，所以机会也更多地留给年轻经理。一般员工大概能看到最后一条，却很难想象他们如何向领导汇报工作，以及他们如何支持领导工作。

晋升一定跟领导的信任有关，所以即使所有人都知道把业务骨干提拔成管理人员不一定是个好办法，但大量晋升还是这个模式——因为在这个决策过程中，我们会本能地信任他们靠谱、踏实、有业务能力，以及觉得他们以身作则的话，是可以影响他下属的员工的。虽然不一定风险真的低，但我们会本能地认为这是一个低风险的选择。

而晋升跟专业能力高低的关系也比较微妙。提拔部门负责人的时候，专业能力好不好是个重点问题，无法想象员工有问题问经理时，经理一问三不知，只能坐而论道，不能亲至一线支撑员工解决问题。到了财务总监的程度，做账与核算能力如何就已经不是最重要了，可能融资能力、风控能力、财务分析与管理能力更重要，但肯定还是需要财务专业出身。但选拔总经理的时候，是否必须具备本行业经验都不一定了，而对市场的把握、对资源的整合，以及领导能力更重要一些。

据说在大企业里有一个模式：你的领导晋升了、空出了位置，你才有机会随之高升，如果你所跟的领导迟迟得不到晋升、也不走人，那么你的晋升之路也会被阻碍。而在中小企业的晋升比我们理解的要容易一些，因为中小企业最大的问题是人力资源储备非常不充分，所以中层管理岗位常常必须将就着一个差不多的人强行提拔，而不是等到一个人真正成熟了才提拔。只要一家民营企业的经营还在发展，那么可以得到的中层管理岗位提拔的机会还是很多的。

幸好现在的企业都意识到一点，特别是现在组织普遍扁平化之后，企业在专业晋升方面也会考虑给出通道，如果并不喜欢或者并不擅长管理，也是可以有盼头的。

女性面临的职场困难

Lesson 6

女性在职场中会不会面临歧视？这个确实会，从工作机会到薪酬都会。即使是女领导，你问她想招男下属还是女下属，她也会觉得女性事多，男下属简单点。那么也许有人会问："作为一个女性，我奋斗的意义何在？"我觉得一方面今日女性的奋斗是为未来女性之权益做保障；一方面努力奋斗就是为了突破歧视的屏障，就好比飞机突破音障那样；另外一点更朴实的大白话是："人总是要吃饭的，吃得艰难一点、差一点，但好歹有自己挣一碗饭吃的能力，这很重要。"

如果要问我，是不是因为女性有生育期的特点，导致未婚未育的女同志找工作就是很难，特别是 25～32 岁这个区间。我得说肯定有影响，但不是绝对的，如果你的能力强到用一天就值一天，也许就例外了。剩下的策略包括：尽早搞定婚育问题、在家庭内部做好分工准备以及在一家单位积累资历经验等，直到这些关卡过去。如果你一心好强，最后总是会有解决办法；而如果你的能力也很强，最后艰难的现实也会为你让道。

有一个观点我从骨子里非常厌恶，但现实中又常常被人提起："一个女人太聪明 / 能干 / 有钱 / 有自己的思想，男人会不喜欢的。"我觉得这个观点既侮辱了女性——以其必依附于男人才得以体面；又侮辱了男性——暗示他们是自信心孱弱且不知好歹的蠢货。

就人的普遍心态而言，喜欢聪明、漂亮、能干、有钱的人乃是一种天然本能，因为这间接意味着后代基因的优胜以及哺育条件的优越，更不用说有个有力的伴侣对于婚姻这样一个作为情感和经济双重结合的社会生活模式的优越性了。"男人不喜欢优秀女性"这种观点不管对谁来说都毫无建设性可言，在我看来即使不能算作庸俗下作的观点，至少也是有局限的观点。而这种观点在每个女性奋斗的路程上都会常常听到。

而随着社会与女性的发展，另外一种"女性要独立自强"的观点也开始走向庸俗的衡量标准。"独立自强"很奇异地演变成了经济独立（要有钱至少是有挣钱的能力、越大越好；钱袋子决定腰杆子）、思想独立（这就是个幌子，谁敢于挑战通常的观点和规则是一定会被众人指手画脚甚至压制的）、感情独立（不跟男人计较感情付出得失）这样的高标准，堪与旧礼教中的"节烈"相比。而从实践上看，这双重奇异却庸俗的标准放在一起，又共同影响着一干受过教育、知识程度并不低的年轻女性对于生活、事业以及感情的抉择——可以想见，没有足够的社会阅历，又没有被家庭和自身经历培养出自信的年轻女生，面对这点是多么矛盾而无所适从。

生活方式本无所谓庸俗不庸俗，谁不是得三餐一宿之后才能维持再生产的能力，谁又能脱离人和人之间的联结与羁绊无拘无束地活着，谁的上升可以脱离大环境＋他人的提携帮助合作＋自身持续努力的三者合一。在有限的资源中左支右绌，对未来无法准确预测，大概是所有人的痛苦点，区别只是痛苦的具体问题与程度不同。

流行的观点往往不可避免地带有局限性。一般所谓聪明人，能从各种纷乱的信息与制约因素中选择最符合客观规律的路径——所谓顺水推舟、容易成事；所谓精明人，多半能够选择最利于自己的路径实现短期效益最大化；所谓富于心计，这个词首先暗示了动机的负面性，此外更多体现的是对具体方法的设计。大家对某人某事的评价往往是从结果反推的，所谓成者王侯败者寇。

而每当我说起女性不必限制自己的理想、能力以及气质的时候，又会有人，往往还是女性跳将出来说："女人还是柔弱一点好，比如某某就因为工作上太优秀而一直找不到男人，而某某一直心机深沉装柔弱无辜，于是得到了好男人。"又或者问："那什么样的男人才能驾驭优秀的女人？"对于这样的论点我只能说，人品分三六九等，人生有三衰六旺，所以对人的全面评价，盖棺才能定论，一时一事的得失不一定能全面判断一个人是真性情还是缺心眼、是韬略还是阴谋、是善良还是乡愿。而真正优秀的人也不会以"驾驭"二字来决定自己与他人的关系，最起码从工作中得到的样本量来说，"驾驭"二字也基本无从谈起。人可以用强力胁迫他人、可以用利益诱惑他人、可以用道理说服他人、可以用感情打动他人、可用不对等的资源或者信息蒙蔽他人，但归根结底谁也不会比谁傻太多，迟早会醒悟自己要的是什么，企图以纯粹的手段控制他人所谓的"驾驭"，没有可持续性。

而我也知道，在女性本就不易的奋斗道路上，还会有两种声音交替在耳边嘈嘈切切："一个女人何必那么辛苦，找个有钱男人就好享福了。""你只要开放一点，就能获得XX利益。"说这话的，男女老少都有，但往往他们也不很发达、没啥太大能力，更别提真正愿意给你多少实质性帮助，但却总是说"我这是为你好"云云。这些大多数情况下其实也并不是真正的恶意，只是不负责任的闲扯；少数时候是有人意图下套，留点甜头做个笼子等你钻。于是有些女生便愤慨于被人看低，有些女生则觉得不如从俗，纠结要不要搏上一把。这世界的确不是只有伟大光辉正确，不知多少成功的背后阴影重重，只是即使排除道德批判的角度，的确有靠捞偏门风生水起的，可那凭什么是你？

"中道而行"是在任何时代都不会过时或者吃亏的理念，无论古今或者中外，一个女性有主心骨——立身正、不贪婪、有边界、不涉险地，都是既成全自己，又敦睦周边的美德。有些动辄自称女汉子的女性，自己搬家扛水桶，甚至一接受男性或者朋友的馈赠就浑身不自在、以为不自立——不不不，这些不是独立自强，也不是自在的生活方式。身为一名女性，首先是一个人，并且仍然是一个女人。

我并不认为女性总体在天赋性格或者美德上有什么问题，当然作为个体，我们每个人都有自己的问题。但这些年我最大的感受是，太多的女性都有该出手时不出手，或者出手太弱的问题。我觉得有形无形中，哪怕是极年轻的女性也有很多有意无意被人设限与自我设限的情况。事实上，女性对于职场来说是有一些天生的弱势，而弱者向上爬的时候需要的是更果断、更坚定、更无畏，甚至一定程度上的更泼辣及腹黑。将女性的特点和男性的心理以及自己实实在在的能力结合起来，实现自己的价值，我觉得是一件非常值得称道的事情。

所以很多时候我看到一些人说女性的美德在于温柔、宽容、体贴以及对美的感受；一些人说，女性应该因为特殊性而被特殊对待；一些人说，女性是感性的，要保护她们；还有一些人重复着亦舒的话："我要很多很多的爱。如果没有爱，那么就很多很多的钱。如果两件都没有，有健康也是好的。"在我看来，这些都是被咀嚼成渣的废话，一切引发女性自我反省是否够女人魅力或者"像男人那么优秀"的文章都是某种无用的废话，唯一的效果就是让一个真实的人慢慢成为别人想要的那个人，让她离功名利禄更远。而我很感激一个老师曾经对我说："你为什么要成为一个芭比，为什么要成为一个别人想要的你？人生是一场战斗，你必须为自己而战。"

另一个误区是绝对的反面，也就是女性一定要强横才会被重视。不，不是这样的，现实中强横的女性比强横的男性会遭到更多的反感。女性更适合的路径是先低调地获取信任，然后逐渐渗透自己的观点，直至自己的地位和权力能支撑自己独立发出更响亮的声音。

然而还会有很多人说，功名利禄并不是我所需要的，我要的只是平淡生活。在我看来，这不过是一种自欺欺人。功名利禄是一套评价体系，你可以鄙视它，但其实一般人无法逃离它。大部分人正是用这个来评价男人"优秀"，以及女人不够"优秀"的。可别说家庭价值和贤妻良母也会被称颂，得了多少实在利益，谁在那个位置谁明白。如果这四个字一字不沾，最好的结果也不过就是你是个普通人，你需要为买房、孩子上学、父母就医而发愁，你没有更好的解决办法，因为你只拥有非常少的资源。别说这种生活不苦，别说这就是你一生的梦想和价值所在，就算我信了，你自己信吗？是的，人活着各有苦痛之处，但人生大部分问题还真就是功名利禄的问题。女性拥有功名利禄，本质上并不是为了让男人更看得起（这真不算个事），而是生而为人，你不想实现自己的价值、充实和享受自己的人生、看着自己的功业在阳光下闪烁吗？

我并不认为我在说一个女权问题，在我看来，女权主要是平等受教育、同工同酬、平等的政治地位、拥有私人财产权利这些，我对其他范畴的讨论兴趣不大。我认为这仅仅是一个意识和处事技术问题。这世上有很多道理是为抚慰弱者而产生的，可是麻醉对一个人切实的生活没有意义，真实的生活就是粗粝而艰辛，也许还肮脏。但没有人能置身事外，一个对自己价值仍有要求的女性若不能放弃岁月静好现世安稳的幻觉，我觉得很可惜。

然而我猜很多人看到这里的时候会说："说这些没有什么用，你能帮我解决一份好工作吗？你能让我在求职的时候不被问婚育计划吗？你能做到任何减轻我负担的事吗？"很不幸，并不能。这个世界的资源是如此有限，每个人都不得不为自己去战斗。

出版后记

该回家乡还是留在北上广打拼？到哪里去找"钱多事儿少离家近"的工作？要不要把个人兴趣变成谋生的职业？工作不顺心时该不该跳槽？怎么跟领导和同事搞好关系？是否有必要做职业规划？遭遇职业瓶颈该怎样解决？……在这个焦虑的时代，即将步入或初入职场的年轻人要面对很多困惑和考验。然而这些困扰着每个人的实际问题，大多数常见的职场书却并没有给出答案，这本《好好工作》，旨在为你填补这方面的空白。

《好好工作》是一本非常接地气的职场指导手册。在本书中，作者不仅为你传授工作技能，还从多年从事企业咨询工作的亲身经验和在职场中摸爬滚打的血泪教训出发，力求为你还原工作和职场的真相，让你站得更高、走得更远。更为难能可贵的是本书独特的视角，作者跳出用人单位和求职者的立场，从第三方的角度讲述如何好好工作，这会为你提供很多身边人给不了你的经验和建议。

这本书也向读者传递了一种工作态度：职场中真正优秀的人无法被埋没。遇到点困难和挫折就怨天尤人的态度是不可取的，也不要一味地将自己的不顺心归咎于外部环境，只要踏实做事，努力提升自己，就能够在职场中拼出一方天地。感谢作者老猫大人在本书的创作和编辑过程中付出的心力，希望这本小书，能让你更懂得工作是什么，工作对你来说意味着什么，进而在职场中创造属于自己的独特价值，好好工作。

服务热线：133-6631-2326　188-1142-1266

服务信箱：reader@hinabook.com

后浪出版公司
2017 年 7 月

图书在版编目（CIP）数据

好好工作 / 懒人老猫著 . -- 北京：北京联合出版公司 , 2017.10（2017.10 重印）
ISBN 978-7-5596-0622-8

Ⅰ. ①好… Ⅱ. ①懒… Ⅲ. ①成功心理—通俗读物 Ⅳ. ① B848.4-49

中国版本图书馆 CIP 数据核字 (2017) 第 159678 号

好好工作

作　　者：懒人老猫
选题策划：后浪出版公司
出版统筹：吴兴元
特约编辑：王　顿
责任编辑：龚　将　夏应鹏
封面设计：张静涵
营销推广：ONEBOOK
装帧制造：墨白空间

北京联合出版公司出版
（北京市西城区德外大街 83 号楼 9 层　100088）
北京京都六环印刷厂　新华书店经销
字数 133 千字　889 毫米 ×1194 毫米　1/32　5.75 印张
2017 年 10 月第 1 版　2017 年 10 月第 3 次印刷
ISBN 978-7-5596-0622-8
定价：36.00 元

后浪出版咨询(北京)有限责任公司 常年法律顾问：北京大成律师事务所　周天晖
copyright@hinabook.com
未经许可，不得以任何方式复制或抄袭本书部分或全部内容
版权所有，侵权必究
本书若有质量问题，请与本公司图书销售中心联系调换。电话：010-64010019